Larve | Adult | Larve | Adult

Seerosenzünsler *Elophila nymphaeata* ▸ 20

Seidenspinner *Bombyx mori* ▸ 24

Hauhechel-Bläuling *Polyommatus icarus* ▸ 28

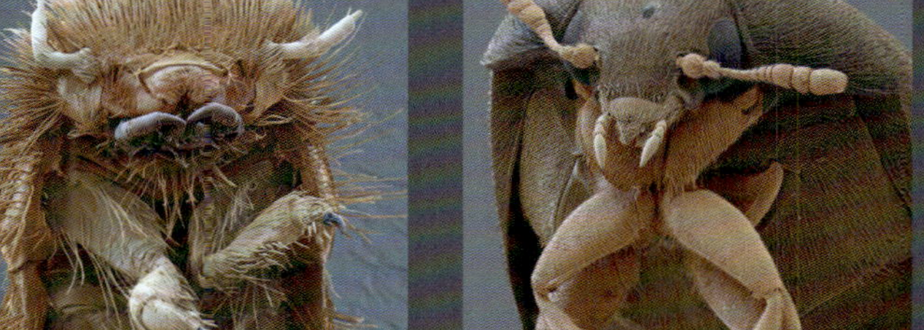

Brauner Pelzkäfer *Attagenus smirnovi* ▸ 36

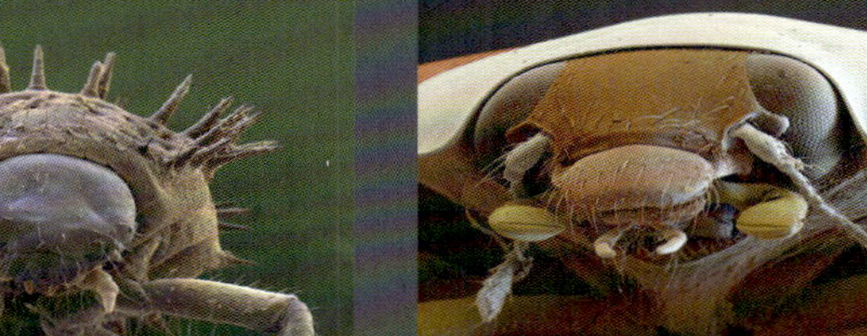

Harlekin-Marienkäfer *Harmonia axyridis* ▸ 40

Schwimmkäfer *Dytiscidae* ▸ 44

Adonisjungfer *Pyrrhosoma nymphula* ▸ 52

Hornisse *Vespa crabro* ▸ 58

Blattlauswespe *Aphidius colemani* ▸ 62

Goldfliege *Lucilia sericata* ▸ 68

Larve Adult

Köcherfliege *Trichoptera rhyacophilus* ▸ 72

Larve Adult

Florfliege *Chrysoperla carnea* ▸ 74

Köcherfliegen *Trichoptera* ▸ 72

Eintagsfliege *Baetis* ▸ 80

Eintagsfliege *Ephemera danica* ▸ 84

Gelbfiebermücke *Aedes aegypti* ▸ 90

Zuckmücke *Chironomus plumosus* ▸ 94

Kriebelmücken *Simuliidae* ▸ 98

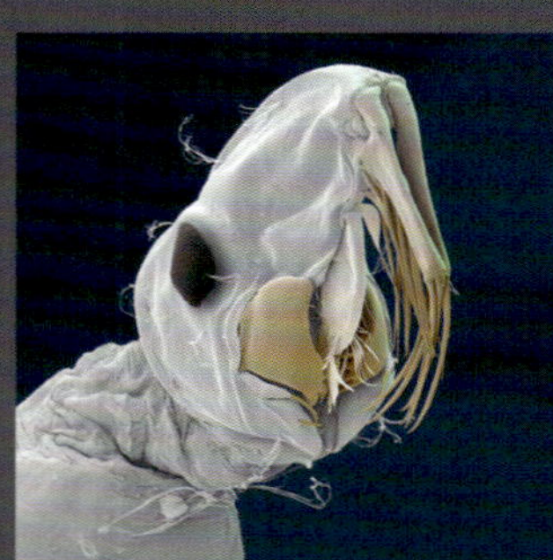

Büschelmücke *Chaoborus crystallinus* ▸ 102

Schnake *Tipulidae* ▸ 106

WANDLUNGSKÜNSTLER

Die geheime Erfolgsgeschichte der INSEKTEN und wie sie weitergehen kann

WANDLUNGSKÜNSTLER
Die geheime Erfolgsgeschichte der INSEKTEN und wie sie weitergehen kann

Fotografien von Nicole Ottawa und Oliver Meckes
Texte von Veronika Straaß und Claus-Peter Lieckfeld

Dölling und Galitz Verlag

INHALT

◂ REM-Aufnahme der Flügelschuppen eines Tagpfauenauges *Inachis io*
◂◂ Männlicher Hauhechel-Bläuling *Polyommatus icarus*

ES BEGANN AN EINEM TEICH ...

Seit Schulzeiten, genauer seit meinem Biologiestudium wusste ich, dass es diese wundersame Wandlung namens Metamorphose gibt, die von der Mehrzahl aller Insektenarten durchlaufen wird und damit auch von der Mehrzahl aller Tierarten dieser Erde: Ei, Larve, Puppe, Imago.

Manchmal, und so war es auch bei mir, kommt später etwas mehr Wissen hinzu. Viele Insektenarten schaffen eine Totalverwandlung (Holometabolie), etwa die Schmetterlinge. Sie schlüpfen als Larven aus dem Ei, schälen sich während des Wachstums mehrmals aus der zu eng gewordenen Haut und verpuppen sich schließlich. Aus der Puppenhülle arbeitet sich dann das fertige Insekt heraus. Andere Insektenarten hingegen haben schon in ihrem Kinder- und Jugendstadium eine erhebliche Ähnlichkeit mit ihrer Erwachsenengestalt; ihre schrittweise Verwandlung nennt man Hemimetabolie. Bei Heuschrecken zum Beispiel oder auch bei Schaben und Libellen ist schon am kindlichen Körper zu erkennen, was einmal daraus werden wird. Mit jeder Häutung werden Flügel und andere Attribute des erwachsenen Insekts deutlicher erkennbar, bis schließlich aus der letzten Larvenhülle das fertige Insekt heraussteigt.

Aber was weiß man schon, wenn man das weiß?

Erst ein magischer Moment brachte meinen Mann und mich dazu, der Faszination Metamorphose nachzugehen. Ein bräunlich-gräuliches, hauchdünnes Etwas hängt an einer Binse. Die Binsen säumen den Teichrand, direkt vor unserer Terrasse. Das Etwas zittert – nein, es zittert nicht: Es wird gezittert. Eine leichte Sommerbrise bewegt die filigrane Hülle.

Mein Sohn Raoul und meine Tochter Merit, damals sieben und achteinhalb Jahre alt, sind gewissermaßen an unserem Hausteich aufgewachsen und wissen sogar den Namen für dieses Etwas: eine Larvenhülle.

Aber wo ist die geschlüpfte Libelle? Ist sie noch in der Nähe? Sitzt sie auf einer Binse und trocknet? »Nein, sie ist sicher schon davongeschwebt«, erkläre ich. »Sie schlüpfen morgens in aller Frühe und trocknen dann in der Sonne ihre Flügel.« Libellen starten am liebsten morgens in ihr zweites Leben, in eine neue Dimension: Nach dem Wasserleben beginnt ein Leben im Flug.

Ich vermeide das Wort »Metamorphose« und rede nur vage von dem »Wunder«, das aus einem Unterwasserjäger, in diesem Fall aus einer dickköpfigen Libellenlarve, einen schimmernden Flugartisten entstehen lässt. Durch eine Verwandlung, die außer Sichtweite in einer Art Gehäuse stattfindet – man kann sich an das verhüllende Tuch eines Magiers erinnert fühlen. »Weiß ich doch!«, sagt Raoul. »Du meinst Metamorphose!« Seine Schwester nickt zustimmend. Mein Mann und ich schauen uns an und fühlen uns angenehm überrumpelt: »Ihr hattet das also schon in der Schule?« »Nein, nicht in der Schule, das haben wir im KiKa gesehen.«

Nicht lange nach dieser Entdeckung an unserem Hausteich nahmen wir uns vor, mit unserem beruflichen Handwerkszeug, einem Rasterelektronenmikroskop (REM), in den Kosmos der Metamorphose einzutauchen. Wir stellten uns nicht wirklich vor, die Geheimnisse der Wiedergeburt aus dem eigenen Körper lüften zu können. Aber an dem Tuch, hinter dem sich dieses Wunder vollzieht, wollten wir schon zupfen. Uns packte der Ehrgeiz, diese besondere Welt zu zeigen, sie sichtbar werden zu lassen.

Übernahmen wir uns damit? Jahrelange Beschäftigung mit dem extrem Kleinen sollte uns auf diese Aufgabe ausreichend vorbereitet haben, sagten wir uns. Und dann begannen wir, erstmals systematisch die Stadien der Metamorphose zu erfassen und einander gegenüberzustellen. Bei dem, was sich dabei entpuppte, entdeckten wir das Wunder ganz neu.

Nicole Ottawa

◂ Unser Hausteich: Hier fanden wir viele der im Buch porträtierten Insekten.

SO SEHEN SIEGER AUS

Was hat Homo sapiens mit Sumpfmeise, Grottenolm und Afrikanischem Elefant gemein? Alle vier Arten gehören einer Minderheit an: Sie sind Nicht-Insekten.

Etwa eine Million Insektenarten sind bisher klassifiziert und beschrieben worden. Ein Vielfaches davon – unbekannt und unbenannt – bevölkert die Erde, überwiegend die tropischen Regenwälder, sagen Insektenforscher.[1] Über 60 Prozent aller bisher klassifizierten Tierarten sind Insekten, und ständig werden neue Arten entdeckt und beschrieben. Wollte man das Tierreich in absoluten Zahlen abbilden, stellten die Nicht-Insekten eine kleine, unbedeutende Minderheit dar.

Erstmals erschienen im Devon, vor rund 400 Millionen Jahren, Kerbtiere – so das deutsche Wort für Insekten. Erst viel später, vor etwa 2 Millionen Jahren, lebte und jagte Homo erectus auf Erden, der frühe Ahne des heutigen Menschen. Und die Annahme ist wohl nicht allzu spekulativ, dass Insekten die Erde noch bewohnen werden, wenn die mächtigste und zerstörerischste Art aller Zeiten, der Homo sapiens, schon lange nicht mehr da sein wird: jene Intelligenzbestie, die, wenn sie das Unbegreifliche begreifen wollte, gern nach tierischen Referenzgrößen griff.

So waren bezeichnenderweise die frühen Götter der Menschheitsgeschichte nicht selten tiergestaltig: löwenköpfig, falkenschnäblig. Und sie hatten Bärenpranken und Raubtierzähne, Adlerkrallen und Bocksbeine. Hätten unsere frühen Vorfahren um die Verwandlungsfähigkeit, um die Fruchtbarkeit, um die Wichtigkeit der Insekten für Flora und Fauna einschließlich Mensch gewusst, hätten sie sich womöglich andere Götterbildnisse gemacht. Komplexere, mit Komplexaugen.

Aber ihre relative Kleinheit – die meisten Insektenarten messen zwischen einem und 20 Millimeter Körpergröße – sorgte dafür, dass sie lange unterhalb der kulturellen Wahrnehmungsschwelle blieben. Erst wenn sie epidemisch auftraten, zum Beispiel als Heuschreckenschwarm, wurden sie bemerkt und bewertet, als Plage und/oder göttliche Strafe. Von den Honigbienen oder dem Skarabäus-Käfer einmal abgesehen, waren Insekten nie anbetungswürdig.

Doch so unscheinbar sie zu sein scheinen – was sie können, ist unvergleichlich. Und oftmals profitieren wir. Hummeln und Bienen sind für die Landwirtschaft unentbehrlich, der Seidenspinner erzeugt Seide, Springschwänze sind für die Bodenfruchtbarkeit wichtig. Aus der Cochenille-Schildlaus gewinnen wir Farbstoff für Kosmetika, und der Ölkäfer produziert Cantharidin, das wir für Schmerzmittel und Salben verwenden. Andere Insekten wie Marienkäfer oder Florfliegen bewähren sich als biologische Schädlingsbekämpfer.

Keine (Tier-)Klasse hat einen vergleichbaren Kosmos an Vielgestaltigkeit hervorgebracht. Um nur von der Größe zu reden: Als kleinste Art gilt die Zwergwespe *Dicopomorpha echmepterygis* (0,15 bis 0,24 Millimeter), als größte die erst 2014 entdeckte Chinesische Stabheuschrecke *Phryganistria chinensis* mit 62,4 Zentimetern Körperlänge.

Wollte man erschöpfend aufzählen und darstellen, was Insekten in ihrer Gesamtheit zu Überlebens-Weltmeistern macht, wäre man prinzipiell und hoffnungslos überfordert; schon deshalb, weil jede abgeschlossene Darstellung bei Drucklegung veraltet wäre.

Das Team, das dieses Buch in Bild und Text zusammengestellt hat, hat sein Augenmerk besonders auf einen Teilaspekt gelegt: Metamorphose, die schrittweise Umwandlung beziehungsweise die Wiedergeburt aus dem aufgelösten, eigenen Körper. Dieses Kunststück läuft täglich zigmilliardenfach ab. Das macht es nicht weniger wunderbar. Aber bitte, sehen Sie selbst!

1 Artenzahlen können immer nur Schätzzahlen sein, denn ein gewisser Prozentsatz neu beschriebener Arten – pro Jahr sind es zwischen 12000 und 25000 – stellt sich später als schon bekannt heraus. Andererseits entpuppen sich vermeintliche Unterarten wiederum als eigenständige Arten.
Der australische Biologe Nigel Stork und der britische Biologe Kevin Gaston haben schon Ende der 1980er Jahre auf Grundlage der englischen Tagfalterfauna die Gesamtzahl der Insekten geschätzt: In England leben 67 Tagfalterarten und etwa 22000 andere Insektenarten.
Bei 15000 bis 20000 Tagfalterarten weltweit würden sich 4,9 bis 6,6 Millionen Insektenarten ergeben. Andere Wissenschaftler, die auf Grundlage anderer Tiergruppen und mit anderen mathematischen Modellen Hochrechnungen erstellt haben, kamen auf 5 bis 15 Millionen Organismenarten insgesamt. In jedem Fall bedeutet das, dass nur ein Bruchteil aller Lebewesen – inklusive der Insektenarten – bekannt und beschrieben worden ist.

DAS INSEKT VON ANTENNE BIS TARSUS

ANATOMIE EINES INSEKTS

A Kopf (Caput)
B Brust (Thorax)
C Hinterleib (Abdomen)

1 Gehirn
2 Auge
3 Punktauge (Ocellus)
4 Mundwerkzeuge
5 Antenne
6 Erstes Flügelpaar
7 Zweites Flügelpaar
8 Hüfte (Coxa)
9 Schenkelring (Trochanter)
10 Oberschenkel (Femur)
11 Unterschenkel (Tibia)
12 Fuß (Tarsus)
13 Vorderdarm
14 Mitteldarm
15 Hinterdarm (Rektum)
16 Eierstöcke
17 Vagina
18 Nervensystem
19 Tracheensystem
20 Herz
21 Speicheldrüse

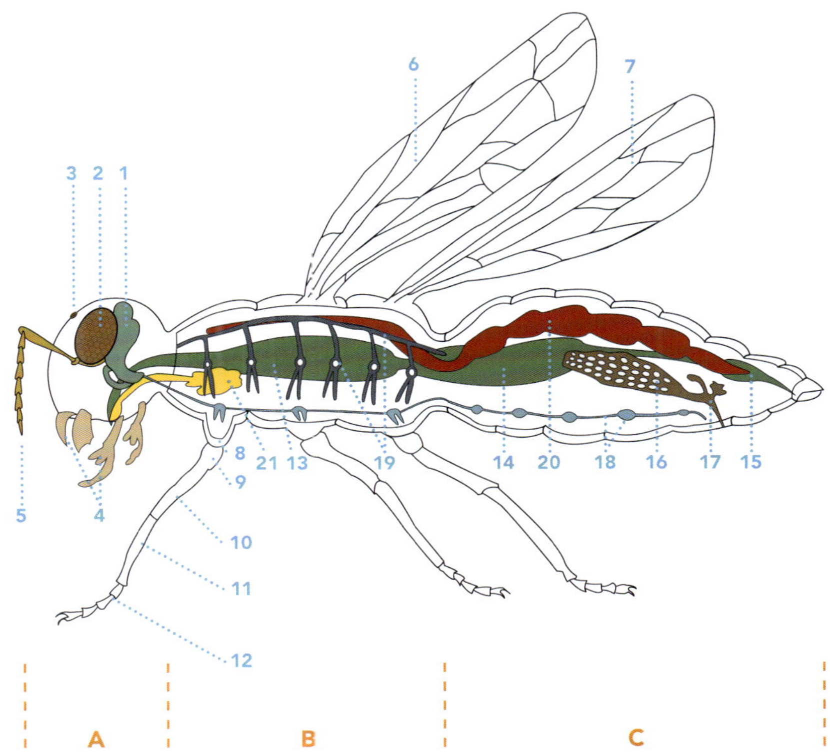

Insekten verdanken ihren Namen (insectum = eingeschnitten) der Dreiteilung ihres Körpers in **Kopf** (A), **Thorax** oder Brust (B) und **Abdomen** oder Hinterleib (C). Der Kopf ist die »Schaltzentrale«. Hier sitzen die Augen, die Mundwerkzeuge, die Antennen und das **Gehirn** (1).

Die **Augen** (2) setzen sich aus einer Vielzahl von Einzelaugen, den sogenannten Ommatidien, zusammen. Da die Einzelaugen erst in ihrer Gesamtheit – im Komplex – das Auge ausmachen, heißt diese Art Auge **Komplexauge**. Wegen der halbkugeligen Form der Komplexaugen weist jedes Einzelauge in eine etwas andere Richtung und gibt damit einen etwas anderen Bildausschnitt wieder. Insekten sehen ihre Umgebung vermutlich wie ein Mosaik. Zwischen den Komplexaugen auf dem Oberkopf oder vorne auf der Stirn sitzen kleine Punktaugen oder **Ocellen** (3), die je nach Insektengruppe als Lichtmessgerät fungieren oder bei Kompassorientierung oder Flugstabilisierung helfen.

Die **Mundwerkzeuge** (4) von Insekten sind unglaublich formenreich. Sie können kräftige gezähnte Beißzangen, aber auch komplizierte Spezialwerkzeuge zum Lecken, Saugen oder Stechen sein.

Die **Antennen** (5) oder Fühler sind gleichzeitig Tastorgane und Nase. Sie können wie einfache Stängel aussehen, können aber auch an Federn, Keulen, Sägen oder Geißeln erinnern.

Am Thorax sitzen die **Flügel** (6 und 7) – meist sind es zwei Paare – und die drei **Beinpaare**. Der Thorax ist zum größten Teil mit Flug- und Beinmuskeln ausgefüllt.

Die **Beine** gliedern sich in Hüfte oder **Coxa** (8), Schenkelring oder **Trochanter** (9), Oberschenkel oder **Femur** (10), Unterschenkel oder **Tibia** (11) und Fuß oder **Tarsus** (12). Am Ende des Tarsus sitzen oft verschiedenste Krallen, Haken oder Lappen, die dem Insekt besseren Halt verschaffen.

Im **Abdomen** oder Hinterleib liegt der **Mitteldarm** (14), wo die Nahrung mit Verdauungsenzymen versetzt wird und Nährstoffe absorbiert werden. Im anschließenden **Hinterdarm** (15) wird den Nahrungsresten Wasser entzogen und die Ausscheidung reguliert. Auch **Eierstöcke** (16) bzw. Hoden mit den entsprechenden Ausgängen (Vagina = 17) und die **Malpighischen Gefäße**, das Pendant zu unseren Nieren, sitzen im Abdomen.

Das **Nervensystem** (18) verläuft in Form zweier Stränge mit mehreren Querverbindungen durch den ganzen Insektenkörper. Wegen seiner charakteristischen Form wird es Strickleiter-Nervensystem genannt.

Die feinen Löcher an den Körperseiten des Insekts sind die Atemlöcher oder **Stigmen**. Sie münden in ein Netzwerk aus feinen und feinsten Röhren, das sogenannte **Tracheensystem** (19), über das das Körpergewebe mit Sauerstoff versorgt wird.

Das **Herz** (20) ist bei Insekten wie eine Röhre geformt und zieht sich durch den ganzen Körper. Ein Blutgefäßsystem wie bei den Wirbeltieren gibt es nicht. Das Herz hält das Blut – die farblose oder grünlich-gelbe Hämolymphe – in Umlauf; die Organe werden von Hämolymphe umspült.

METAMORPHOSE

Die Wiedergeburt aus dem eigenen Körper

In Wilhelm Hauffs Kunstmärchen »Kalif Storch« nutzt der Großwesir die Zauberformel »Mutabor!«, »Ich werde gewandelt werden«, um Tiergestalt anzunehmen: Mensch wird Tier und Tier zu Mensch. In der Bibel gibt es die dauerhafte Wandlung vom Menschen in Unbelebtes, etwa wenn Loths Weib zur Salzsäule erstarrt. Häufiger ist von temporären, reversiblen Wandlungen die Rede: So kann sich Zeus in einen brünstigen Stier und wieder zurück zu Gottvater verwandeln.

Das berühmteste literarische Werk zum Thema Gestaltwandel schuf der römische Dichter Ovid. Seine »Metamorphosen« umfassen 15 Bücher: eine ausufernde Sammlung von Verzauberungsgeschichten. In Versen erzählt Ovid, wie Pallas Athene die überaus geschickte Weberin Arachne aus Neid auf ihre Begabung in eine Spinne verwandelt. Ähnlich schlimm: Als Actaion bei der Jagd Diana nackt im Bad sieht, wird er zur Strafe in einen Hirsch verwandelt und von seinen eigenen Hunden zerfleischt. Oder Verwandlung als Stalking-Prävention: Die Bergnymphe Daphne wird zum Schutz vor dem liebestollen Apollon in einen Lorbeerbaum verwandelt.

Doch so stark und früh Dichtung und Phantasie in puncto Wandlung entwickelt waren, so blass blieb das Wissen zum Thema Metamorphose über Jahrhunderte hinweg. Man hielt an tradierten Annahmen fest, ohne sie zu hinterfragen. Betrachtet man zum Beispiel das, was die Menschen über die Jahrhunderte von Insekten behaupteten, wirkt das aus heutiger Sicht fast wie eine verabredete Weigerung, das zu sehen, was doch eigentlich unübersehbar ist.

Das Nichterkennen liegt nicht zuletzt an einer Autorität, die naturwissenschaftliche Wahrnehmung für lange Zeit patronisiert hat: Aristoteles war es, der fälschlicherweise lehrte, dass die Larve während ihres Wachstums ein weiches Ei sei. Dieses Diktum blieb lange bestehen, und es drängt sich die Frage auf: Wie konnte man jahrtausendelang übersehen (oder ignorieren), dass aus Insekteneiern Raupen werden und aus Raupen Puppen und dass sich aus Puppen schließlich Schmetterlinge aufschwingen? Muss nicht zum Beispiel schon im alten China der natürliche Zusammenhang von Schmetterling, Ei und (Seiden-) Raupe so etwas wie Alltagswissen gewesen sein? Seit Mitte des 6. Jahrhunderts konnte man auch in Europa beobachten, wie die berühmten Seidenspinner ihre Eier an Maulbeerblätter kleben, wie daraus kleine Würmchen schlüpfen, die fressen und rasch dicker werden, sich irgendwann einspinnen und dem Kokon – sofern der nicht zur Seidenproduktion abgespult wird – als Schmetterlinge entsteigen.

In Europa war wahrscheinlich ein niederländischer Maler und Entomologe der Erste, der die Komplettumwandlung des Insektenkörpers richtig erfasste und darstellte: Johannes Goedart (1617–1668). Weil er zeitlebens darauf bestand, nach der Natur und nicht nach Vorlagen zu zeichnen und zu malen, gelangen ihm Darstellungen, die die Entwicklungsstadien von Schmetterlingen in der richtigen Abfolge wiedergeben.

Weit berühmter als Goedarts gemalte »Geburtsurkunden« der Schmetterlings-Metamorphose wurden die Surinam-Tafeln der Maria Sybilla Merian (1647–1717). Auf einigen ihrer prächtigen Blätter vereinigte sie Futterpflanze und Eier, Raupe und Schmetterling. Im Vorwort zu

▲ Johannes Goedaert stellte in Europa wahrscheinlich als Erster die Wandlung der Insekten dar. Hier ein Tagpfauenauge aus seinem Buch »Metamorphosis naturalis«, Middelburg 1662.

▲ Diese meisterhafte Insektendarstellung von Maria Sibylla Merian aus dem Jahr 1719 zeigt einen ihrer Surinam-Schmetterlinge in allen Entwicklungsstadien – Ei, Raupe, Puppe, Falter – und die Futterpflanze.

ihrem berühmten Hauptwerk »Metamorphosis insectorum Surinamensium« schrieb sie: »Ich habe mich von Jugend an mit der Erforschung der Insekten beschäftigt. Zunächst begann ich mit Seidenraupen in meiner Geburtsstadt Frankfurt am Main. Danach stellte ich fest, dass sich aus anderen Raupenarten viel schönere Tag- und Eulenfalter entwickelten als aus Seidenraupen. Das veranlasste mich, alle Raupenarten zu sammeln, die ich finden konnte, um ihre Verwandlung zu beobachten. Ich entzog mich deshalb aller menschlichen Gesellschaft und beschäftigte mich mit diesen Untersuchungen.«

Das taten außer ihr nicht viele und ausgerechnet die nicht, die dazu berufen gewesen wären: Forscher und Naturkundler. Immerhin fühlten sich einige von einer seltsamen, unübersehbaren Erscheinung namens *Pupae* (Larvenhülle) zu Erklärungen herausgefordert. William Harvey (1578–1657), der berühmte Entdecker des Blutkreislaufs, befand, dass das Insektenei zu wenig Eidotter enthalte, sodass ein im Ei heranwachsendes Insekt gezwungen sei, es zu verlassen. Das Insekt benötige ein zweites Eistadium (wir kennen es heute als Puppenstadium), um dort ausreichend Nahrung aufzunehmen, damit es sein Wachstum abschließen könne. Noch der Naturkundler und Insektenforscher Karl August Ramdohr hielt an dieser Vorstellung fest, als er 1811 die Raupe ein »bewegliches, wachsendes und fressendes Ei« nannte. Und noch rund 70 Jahre später, 1882, schrieb der französische Insektenkundler Henri Viallanes von »jener Sorte Eier, die man Nymphen oder pupae nennt«.

All diesen Fehl- und Kurzschlüssen liegt eine irreführende Annahme zugrunde. Man glaubte, dass sich Insekten wie Vögel in einem Ei entwickeln. So wie sich aus dem Ei heraus der kleinste Vogel der Welt, der Kubanische Bienenelfen-Kolibri, entwickelt oder der größte Vogel, der Afrikanische Strauß, genauso – nahm man an – würde auch ein Insekt kontinuierlich aus dem winzigen Ei herauswachsen und zu einem Falter oder einem Mistkäfer werden.

Bis heute besteht nur eine vage Vorstellung davon, wie die vollständige Metamorphose der Insekten abläuft. Die gängige Kurzbeschreibung für eine Totalverwandlung lautet: Eine Insektenlarve löst sich in ihrer Puppenhülle per kontrollierter Selbstverdauung fast gänzlich auf. Aus dem zurückbleibenden Zellhaufen oder aus Teilen davon formt sich hormongesteuert das erwachsene Tier – eines, das mit der Raupe kaum mehr Ähnlichkeit hat. Anders gesagt: eine Wiedergeburt aus den Resten des eigenen, »gestorbenen« Körpers.

Aber was genau geschieht in der Puppenhülle? Forscher wissen schon seit einigen Jahrzehnten, dass die Larve Enzyme freisetzt, die große Teile ihres Gewebes in seine konstituierenden Proteine zerbricht. In Schul- und Lehrbüchern liest man, dass das Insekt sich zu einer Art Suppe verflüssigt.

Das trifft es nur so ungefähr. Auflösung und Aufbau gehen gewissermaßen Hand in Hand. Einige der Organe und Strukturen bleiben von dem allgemeinen Umbau völlig unberührt, anderes zerbricht zu Zellklumpen, die wiederverwertet werden. Bei manchen Larven sind wesentliche Teile des späteren Insektenkörpers als eine Art Knospen in der Larve schon vorhanden. Dabei handelt es sich um Hauteinstülpungen, die das Insekt aus dem Larvenstadium mit in die Puppe nimmt. Diese »Entwicklungs-Hotspots« entfalten sich zu Beginn der Metamorphose und bilden die Beine, Flügel, Komplexaugen und andere Körperteile des neuen Wesens; zum Teil sind sie auch am Aufbau von Organen beteiligt.

Ein entscheidender Wissenssprung gelang mit der Sektion von Puppenhüllen. Um zu verstehen, wie eine Metamorphose voranschreitet, öffneten Wissenschaftler zahlreiche Puppenhüllen. Das geschah in Abständen, von denen man annehmen konnte, dass sie Entwicklungsabschnitte markieren.

2013 gelang einem britisch-dänischen Wissenschaftlerteam so etwas wie ein Durchbruch.[1] Die Forscher konnten detaillierte »Schnitte« an sich entwickelnden Raupen vornehmen, ohne sie zu töten. Das Team bediente sich dabei der neu entwickelten Technik der Micro-Computer-Tomographie (M-C-T), bei der Röntgenstrahlen Schicht für

Schicht Querschnitte des Körpers abbilden. Diese virtuellen Schnitte kann man – computergestützt – zu einem dreidimensionalen Modell zusammensetzen. Die Forscher »sezierten« diese 3-D-Modelle – und nicht etwa die Insekten selbst – und konnten so den Strukturwandel bestimmter Organe wie Eingeweide und Atemröhren abbilden, und das viel klarer, als es zuvor anhand realer Schnitte möglich war. So konnten sie erstmals die sukzessive Ausformung des sich wandelnden Lebewesens in Zeit und Raum aufzeichnen.[2]

Das Team computertomographierte die Puppen von Distelfaltern. Dabei legte es den Fokus der Untersuchung auf die Tracheenstruktur, ein Geflecht von Atemröhren, durch das Sauerstoff in den Insektenkörper gelangt. Die Röntgenaufnahmen brachten Verblüffendes ans Licht: Ein künftiger Distelfalter bildet schon am ersten Tag seiner Existenz als Schmetterlingspuppe die Atemröhren eines erwachsenen Schmetterlings aus. Woraus die Forscher schlussfolgerten: Der Umbau muss unglaublich schnell erfolgen, bereits in den ersten Stunden des Puppenstadiums.

Genau diese vermutet hohe Entwicklungsgeschwindigkeit gleich zu Beginn der Metamorphose fand man im Jahr 2016 bestätigt. Dieses Mal waren die Forschungsobjekte Schmeißfliegenlarven. Mit Hilfe von technisch verfeinerten und sehr viel kürzer getakteten Röntgen-Schichtaufnahmen ließ sich beweisen, dass sich die signifikantesten Verwandlungen innerhalb der ersten 48 Stunden abspielen, was den ersten 20 Prozent der Gesamtverpuppungsdauer entspricht.[3] Im ersten Fünftel der Verwandlungszeit werden Kopf, Beine und Flügel ausgestülpt; das sind genau die Veränderungen, die optisch am auffälligsten den Wandel vom »Wurm« zum ausdifferenzierten Fluginsekt markieren. Weiteren Erkenntniszugewinn erwarten sich die Forscher von noch exakteren Scans der Hirnumwandlung.

Rätselhaft ist nach wie vor, wie einige Insekten Erfahrungen aus ihrer Raupenzeit mit ins Erwachsenenleben hinübernehmen können. Wie geht das, wenn doch der Speicherplatz dafür – also das Raupenhirn – aufgelöst und »neu formatiert« wird? Ist das nicht so, als würde man eine Festplatte einschmelzen und aus der amorphen Masse eine neue bauen, die dann weiterhin etliche der zuvor gespeicherten Informationen enthält? Oder ist doch alles ganz anders?

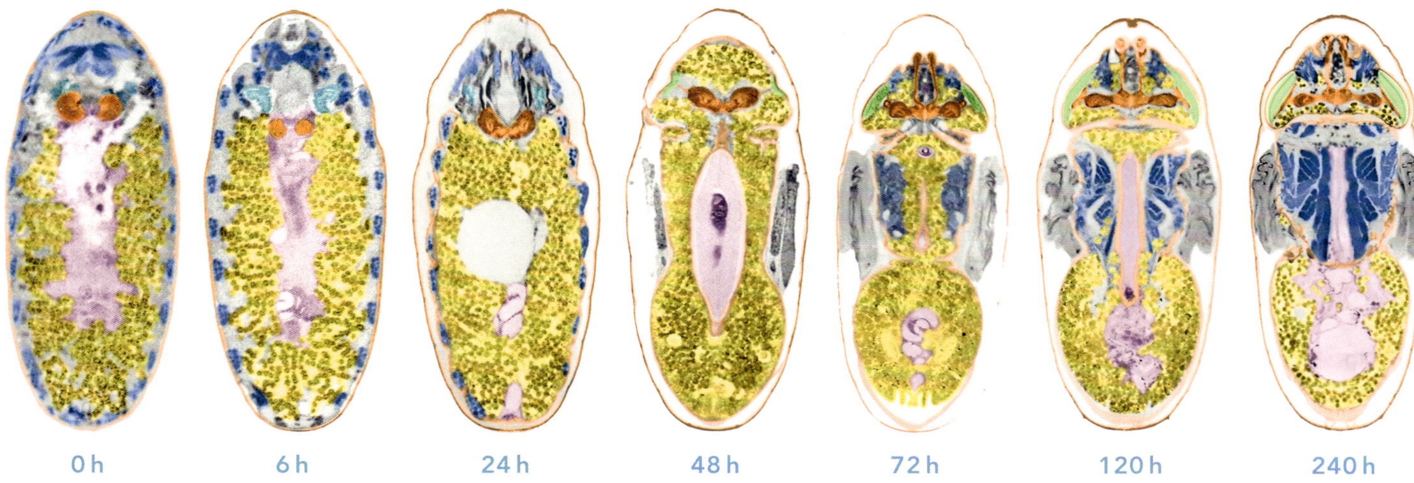

▲ Dieses Bild zeigt in sieben Schritten, was in zehn Tagen innerhalb einer Puppenhülle passiert. Dargestellt wird die Entwicklung einer Schmeißfliege *Calliphora vicina*.

0 h Ganz links ist die Puppe unmittelbar nach Eintritt in das Puppenstadium zu sehen. Alle Organe der Made sind noch zu erkennen. Die Made hat viel Fett (gelb) im Körper gespeichert, um die Anforderungen der Metamorphose zu bewältigen.

6 h Schon nach sechs Stunden beginnt sich das Tier vom Kopfbereich her von der Hülle zu lösen.

24 h Nach 24 Stunden ist bereits rundum ein Spalt zwischen der Puppenhülle und dem Insekt zu erkennen. Der Körper der Made wird mehr und mehr aufgelöst und zu Fett (gelb) umgebaut. Auch die Ringmuskulatur der Made (blau) verschwindet zusehends.

48 h Nach zwei Tagen sind die Flügelanlagen und die zukünftige Segmentierung des Fliegenkörpers in Kopf, Thorax und Abdomen zu erkennen.

72 h Am dritten Tag geht die Differenzierung weiter, und es werden die Flügelmuskulatur (blau) und viele Details im Kopf sichtbar.

240 h Bis zum Tag 10 setzt sich die weitere Differenzierung der Strukturen fort, die Fettreserven sind weitgehend aufgebraucht. Das Tier ist zum Schlüpfen bereit.

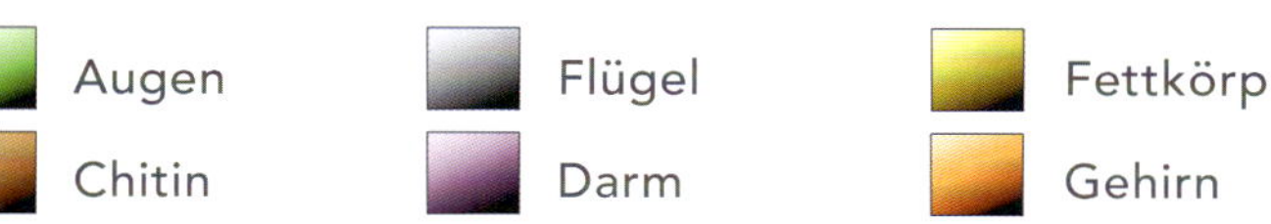

Bleibt noch eine grundlegende Frage: Warum haben Insekten diesen komplizierten Entwicklungsweg überhaupt »erfunden«? Wo liegen die Vorteile eines so radikalen körperlichen Umbaus?

Unter anderem in der Konkurrenzvermeidung unter Artgenossen. Da die Larven von holometabolen Insekten völlig andere Mundwerkzeuge und andere Nahrungsvorlieben als die erwachsenen Insekten derselben Art haben, sind sie keine Nahrungskonkurrenten. Raupe und Falter, Käferlarve und Käfer, Fliegenmade und Fliege können problemlos nebeneinander existieren, ohne sich gegenseitig die Nahrung wegzufressen. Die Larven können sich den Aufwand, Flügel und Flugmuskeln auszubilden, sparen und sich auf das Wesentliche ihres Lebensabschnitts konzentrieren: aufs Fressen und Wachsen. Die erwachsenen, mobilen, oft flugfähigen Insekten hingegen können neues Terrain erkunden und besiedeln und damit für die Verbreitung der Art sorgen.

Wie lange ein Insekt im Eistadium verharrt oder als Larve lebt, hängt von vielerlei Faktoren ab, nicht zuletzt von den Umweltbedingungen wie Temperatur und Nahrungsangebot. So brauchen Libellenarten, die in kühlen, von Schmelzwasser gespeisten Bergbächen heranwachsen, mehrere Jahre, bis sie als fertige Insekten aus den Larvenhüllen schlüpfen können. Ihre Verwandtschaft in sonnengewärmten Tümpeln dagegen ist schon nach wenigen Wochen schlupffertig.

Besonders viel Zeit lassen sich die 17-Jahres-Zikaden *Magicicada septendecim* mit ihrer Entwicklung: Sie verbringen ihre Larvenzeit gut geschützt unter der Erde und schlüpfen erst nach 17 Jahren wie auf Kommando synchronisiert aus dem Boden. Der Vorteil dieser Strategie liegt auf der Hand: Wo auf einen Schlag Milliarden von Zikaden umherschwirren, kommen ihre Feinde mit dem Fressen nicht mehr nach. Trotz unzähliger Feinde überlebt eine Unmenge der Insekten und kann sich erfolgreich fortpflanzen.

Die Erfindung der Metamorphose – das Leben in unterschiedlichen Gestalten mit ganz verschiedenen Lebensbedürfnissen – hat den Insekten offenbar einen derart gewaltigen evolutionären Vorteil verschafft, dass sie heute in Arten- und Individuenzahl alle anderen Tiergruppen an Land übertreffen.

DER ZAUBER IST ÄLTER ALS GEDACHT

Holometabolie, die Fähigkeit eines Lebewesens, sich aus sich selbst heraus total zu verwandeln, gilt – im Zeitrahmen der Naturgeschichte – als etwas relativ Neues. Aber wie neu?

Kein erhaltenes, 13 Meter hohes Brachiosaurus-Skelett hätte sensationeller sein können als die nur acht Millimeter große Versteinerung, die vor wenigen Jahren auf einem Tonstein in einer ehemaligen Zeche bei Osnabrück entdeckt wurde.[4] Der Punkt entpuppte sich bei genauer Untersuchung als Insektenlarve – wahrscheinlich als die eines Käfers oder Hautflüglers. Der Fund ist ein Glücksfall, denn normalerweise bilden sich so feine, fragile Strukturen nicht deutlich genug ab, um lesbare Abdrücke entstehen zu lassen.

Kleines Objekt, großes Hallo: Der Tonstein – das ließ sich relativ genau feststellen – ist 315 Millionen Jahre alt. Der Zeitpunkt, zu dem sich die Larve im Lehm abgedrückt haben muss, lag damit mindestens 45 Millionen Jahre früher als der bis dato angenommene früheste Zeitpunkt für das Auftauchen von Holometabolie – also für die Ganzkörperumwandlung von Insekten. Schätzungsweise 850 000 Insektenarten – das entspricht geschätzten 60 Prozent aller Tierarten – entwickeln sich nach diesem Schema.

1 Tristan Lowe, Russell J. Garwood, Thomas J. Simonsen, Robert S. Bradley und Philip J. Withers: Metamorphosis revealed: time-lapse three-dimensional imaging inside a living chrysalis. Journal of the Royal Society Interface, April 2013. http://rsif.royalsocietypublishing.org/content/10/84/20130304

2 Insekten vertragen hohe Strahlendosen; häufige M-C-Tomographie kann sie nicht verletzen, geschweige denn töten.

3 Daniel Martín-Vega, Thomas J. Simonsen, Martin J. R. Hall: Looking into the puparium: Micro-CT visualization of the internal morphological changes during metamorphosis of the blow fly, Calliphora vicina, with the first quantitative analysis of organ development in cyclorrhaphous dipterans. Journal of Morphology, Februar 2017. https://www.ncbi.nlm.nih.gov/pubmed/28182298.

4 Dr. Torsten Wappler vom Steinmann-Institut für Geologie, Mineralogie und Paläontologie der Universität Bonn entdeckte 2013 auf einem Tonstein, der bei Kohleförderung auf der ehemaligen Zeche Piesberg (Osnabrück) zutage kam, ein längliches Etwas, das sich unter dem Mikroskop als Larve eines Käfers oder Hautflüglers herausstellte. Siehe Rheinische Friedrich-Wilhelms-Universität Bonn/Nachrichten, 17.10.2013, www.uni-bonn.de/neues/237-2013.

▲ Die smaragdgrüne Musterung des Neon-Schwalbenschwanzes *Papilio palinurus* entsteht, weil feinste Strukturen der Flügelschuppen das Licht brechen und streuen.

In der griechischen Antike hießen Schmetterlinge feinsinnig »Psyche«: Hauch, Seele. Und fast genauso schön ist das dänische »sommerfugl«. Diese »Vögel« fliegen in der Tat nur im Sommer.

Die deutsche Sprache kommt vergleichsweise grob daher. Welcher Name könnte für ein lautlos flatterndes und segelndes Wesen unpassender sein als Schmetter-ling? Der Name soll auf Schmetten oder Schmand zurückgehen, wie noch heute eine besonders feste Sorte saurer Sahne heißt. Der Name beruht auf einem Aberglauben: Im Volksmund hieß es, die Flattertiere seien als Rahmdiebe unterwegs. Für das englische »butterfly« könnten ähnlich abwegige Anschuldigungen im Umlauf gewesen sein.

Schmetterlinge müssen nicht unbedingt wie Schmetterlinge aussehen. *Sesia apiformis*, der Hornissenschwärmer, imitiert eine Hornisse so täuschend echt, dass selbst ein Fachmann sehr genau hinsehen muss, um die Maskerade zu durchschauen. Die Weibchen des Schneespanners *Apocheima pilosaria* haben nur kleine Flügelstummel und können nicht fliegen. Und viele Sackträgermotten ähneln mit ihren transparenten Flügeln eher skurril geformten Libellen als Schmetterlingen.

Bis zur Unsichtbarkeit transparent sind die Glasflügel-Schmetterlinge der Gattung *Greta*. Wo andere Schmetterlinge Flügeldecken haben, die in verschiedenen Farben schillern können, flattert *Greta oto*, der »Waldgeist«, auf völlig durchsichtigen Schwingen durchs Leben. Selbst bei schrägem Lichteinfall gibt es so gut wie keine Reflexion. Während eine Glasscheibe je nach Einfallswinkel der Strahlen Licht mehr oder weniger stark reflektiert, werfen die durchsichtigen Schwingen des Glasflügel-Schmetterlings allerhöchstens fünf Prozent der Lichtstrahlen zurück.

Wissenschaftler in Karlsruhe sind – per Forscherblick durchs Rasterelektronenmikroskop (REM) – der Lösung des Rätsels ein Stück weit näher gekommen.[1] Die Antwort heißt Chaos. Während auch bei allerkleinsten Insekten die Flügeloberflächen meist ziemlich regelmäßige Strukturen zeigen, offenbart das REM bei *Greta* Unregelmäßigkeit als Prinzip: Ein Chitin-»Gestrüpp« ist zu erkennen, das jeden einfallenden Lichtstrahl extrem stark streut. Ließe sich das *Greta*-Prinzip technisch umsetzen, wäre der Weg zur Herstellung absolut spiegelfreier Monitore, Brillen oder Fenster gefunden.

Die Glasflügel-Schmetterlinge stellen die Ausnahme in einer höchst farbigen Schmetterlingswelt dar. Tupfen, Flecken, Zackenlinien, dunkel abgesetzte Flügeladern, raffinierte Farbübergänge – es gibt nichts, was es nicht gibt. Fragt sich nur, wozu? Ein Grund dürfte sein, dass sich Schmetterlinge einer Art als artgleich und damit als potenzielle Partner erkennen. Musterung und Farbigkeit funktionieren wie eine Visitenkarte.

Auffallende Augenmuster, wie sie das Tagpfauenauge trägt, sind darüber hinaus ein ausgezeichnetes Abschreckungsmittel gegen Feinde. Kommt ein Vogel dem Insekt bedrohlich nahe, klappt der Falter gedankenschnell die Flügel auf: Urplötzlich wird der Angreifer von einem Augenpaar »angestarrt«. Für einen kurzen Moment zuckt er zurück, und der Falter hat die Chance zu entkommen.

1 Radvanul Hasan Siddique, Guillaume Gomard, Hendrik Hölscher: The role of random nanostructures for the omnidirectional anti-reflection properties of the glasswing butterfly. Nature Communications April 2015. https://www.nature.com/articles/ncomms7909.

▲ Die leuchtenden Flügelschuppen des Neon-Schwalbenschwanzes haben eine völlig andere Oberflächenstruktur als die umgebenden farblosen Schuppen.

▲ Dieser Bruch durch einen Flügel des Glasflügel-Falters *Greta oto* zeigt, dass er auf seiner Flügelober- und Unterseite nur einzelne Schuppen und Haare besitzt.

▲ Monarchfalter *Danaus plexippus*. Einzelne Tiere legen bei Wanderungen im Herbst in Nordamerika bis zu 3600 Kilometer zurück. Die östliche Population in Nordamerika überwintert mit mehreren 100 Millionen Tieren auf wenigen Hektar in der mexikanischen Sierra Nevada.

Die meisten Zeichnungen aber sind nichts anderes als ein Tarnanzug. Raffinierte Muster in Grau, Beige, Grün und Braun lassen den Falter perfekt mit Rinde, Grashalmen, vertrocknetem Laub und ähnlichen unscheinbaren Dingen verschmelzen. Selbst bei auffallenden Schmetterlingen wie dem Tagpfauenauge sind zumindest die Flügelaußenseiten tarngemustert; der Schmetterling kann sich somit je nach Bedarf verbergen oder die knallbunten Oberseiten zur Schau stellen.

Die Show der Farben ist immer dann angesagt, wenn ein Männchen ein paarungsbereites Weibchen für sich gewinnen will. Aufgeregt umflattert es das Weibchen. Viele Schmetterlingsarten verströmen dazu auch noch ein unwiderstehliches »Herrenparfum«, abgesondert von speziellen Duftschuppen auf den Flügeloberseiten oder am Hinterleib. Mit jedem Flügelschlag wird der Duft dem Weibchen zugefächelt. Der Auftritt zeigt Wirkung. Das Weibchen lässt sich vom Männchen auf den Boden oder einen Zweig nötigen, wird dort noch eine Weile von ihm verfolgt und signalisiert schließlich mit hochgerecktem Hinterteil seine Paarungsbereitschaft. Das Spermienpaket, das während der Paarung übertragen wird, lagert beim Weibchen bis zur weiteren Verwendung in einer speziellen Samenblase. Erst bei der Eiablage, wenn die Eier eins nach dem anderen an der Samenblase vorbeigleiten, werden sie befruchtet.

Dass Schmetterlinge nicht nur gut aussehen, sondern auch gut sehen, ist eher unbekannt. Wir Menschen haben drei Sorten von Lichtsinneszellen (Zapfen), um Farben gut sehen zu können. Der asiatische Kolibrifalter *Graphium sarpedon* bringt es auf 15! Wenn uns drei Zapfensorten als Lichtrezeptoren reichen, um ein großes Lichtspektrum – immerhin Millionen von unterscheidbaren Farbtönen – erfassen zu können, was bringt dem Kolibrifalter dann das Fünffache in puncto Rezeptorenausstattung? Geht es darum, die »Blinksignale« der Artgenossen besonders akurat zu »lesen«?

Vielleicht. Kolibrifalter zum Beispiel können sich über verblüffend große Distanzen mit ihren schillernden Flügeldecken optische Signale zumorsen. Doch für das »Lesen« dieser Signale bräuchte es wohl keine so große Überkapazität. Ein japanisches Forscherteam vermutet vielmehr, dass sich die optische Hochrüstung der Falter weniger für das Erkennen von Farben als für besonders kniffelige Anforderungen entwickelt hat.[1] Die Schmetterlinge können zum Beispiel schnell fliegende Vögel vor dem hellen Himmel oder farbige Blüten inmitten bunter Vegetation perfekt erkennen. Außerdem sind sie, wie viele Insekten, imstande, ultraviolettes und polarisiertes Licht wahrzunehmen – eine Fähigkeit, die andere Dimensionen von Raumorientierung eröffnet, als sie das menschliche Auge erschließen kann.

Orientierung und Kurshalten ist das A und O, wenn es darum geht, große Entfernungen zu meistern. In der Insektenwelt ist der Langstrecken-Rekordflieger nicht der berühmte amerikanische Monarchfalter. Die Nummer eins unter den Schmetterlingen ist vermutlich der Distelfalter. Mit 15 000 Kilometern pro Saison, von Westafrika bis Skandinavien, schafft *Vanessa cardui* fast die doppelte Distanz wie der Monarch bei seiner Wanderung zwischen den Großen Seen Nordamerikas und Zentralmexiko.

1 Pei-Ju Chen, Hiroko Awata, Atsuko Matsushita, En-Cheng Yang und Kentaro Arikawa: Extreme Spectral Richness in the Eye of the Common Bluebottle Butterfly, Graphium sarpedon. Front. Ecol. Evol., 8. März 2016, https://doi.org/10.33890/fevo.2016.00018.

▲ Die Facettenaugen des Atlasspinners *Attacus atlas* setzen sich aus einer großen Zahl Einzelaugen zusammen (1200-fache Vergrößerung).

▲ Saugrüssel des Taubenschwänzchens *Macroglossum stellatarum* (60-fache Vergrößerung).

Neuere Untersuchungen ergaben, dass *Vanessa cardui* auf dem Flug nach Norden bis zu vier Generationen benötigt, auf dem Südflug dagegen nur zwei. Mit Radar und Mikrosendern ließ sich auch beweisen, dass die filigranen Flieger bis zu einen Kilometer hoch aufsteigen, wobei sie sich immer wieder von günstigen Luftströmungen tragen lassen. Im Frühjahr 2006 – einem Rekordjahr der Distelfalter-Massenwanderung – schätzte man 11 Millionen Individuen, die den Ärmelkanal überflogen; auf der Rückreise nach Afrika sollen es sogar 26 Millionen gewesen sein. Die Schwärme können mit bis zu 50 Stundenkilometern Reisegeschwindigkeit unterwegs sein.

Wie gelingt es Distelfaltern, Kurs zu halten, selbst dann, wenn widrige Winde sie von ihrer traditionellen Zugroute abdrängen? Woran orientieren sie sich? Am Stand der Sonne, da sind sich Experten inzwischen einig; wobei die Hauptzugrichtung wohl angeboren ist. Unklarheit besteht noch immer über den genauen Verlauf der Zugrouten: Gibt es Zugkorridore, die bei Bedarf verlassen oder variiert werden? Und wenn ja: Was genau triggert Kurskorrekturen im lokalen Maßstab?

Und noch eine übergeordnete Frage drängt sich auf: Wozu überhaupt eine Reise über 60 Breitengrade? Offenbar zahlt es sich aus, das Beste aus mehreren Welten miteinander zu verbinden. Wer wandert, muss keine Überlebensstrategien gegen Trockenheit, Kälte, Nahrungsmangel, überhöhte Siedlungsdichte und Ähnliches entwickeln. Es genügt, den Bedrohungen zum richtigen Zeitpunkt auszuweichen – davonzufliegen.

Ausweichen im richtigen Moment ist auch im alltäglichen Überlebenskampf ein probates Mittel. Schmetterlings- und Fledermausexperten wissen schon länger, dass viele Nachtschmetterlinge, zum Beispiel Bärenspinner, jagenden Fledermäusen blitzschnell ausweichen können. Wenn die Insekten die Ortungs-Ultraschallschreie der Flugjäger wahrnehmen, lassen sie sich sofort fallen; prompt stoßen die Nachtjäger ins Leere. Weniger bekannt ist, was Wissenschaftler in Amerika über das System der Störsender herausfanden.[2] Nachtschmetterlinge aus der Familie der Schwärmer weichen den Fledermausrufen nicht nur aus. Sie antworten sogar, indem sie zwei Körpersegmente des Hinterleibs gegeneinanderreiben und auf diese Weise eine Salve von Störgeräuschen erzeugen, die die Fledermäuse regelrecht aus dem Konzept bringen. Die angepeilten Beutetiere können ihre Fressfeinde mit diesem Geknatter erfolgreich verwirren und wohl auch vergraulen.

Noch raffinierter setzen die Männchen des asiatischen Zünslers *Conogethes punctiferalis* Lautsignale ein. Die kleinen Falter ahmen das Ultraschall-Stakkato jagender Fledermäuse nach und sorgen auf diese Weise dafür, dass alle konkurrierenden Männchen in der Nähe schnellstens in Deckung gehen. Sind die Rivalen mit diesem eleganten Trick vertrieben, folgt eine Reihe lang gezogener Rufe, die sich an Weibchen richten und sie in Paarungsstimmung bringen sollen. Kampfgebrüll und Liebeslieder – welch ein Repertoire!

2 Jesse R. Barber und Akito Y. Kawahara: Hawkmoths produce anti-bat ultrasound. Biology Letters, 23. August 2013. https://www.ncbi.nlm.nih.gov/pmc/articles/PMC3730625/.

SEEROSENZÜNSLER *Elophila nymphaeata*

Tänzer über den Wassern

▲ Raupe des Seerosenzünslers im selbst gebauten Blattfutteral.

▲ Die großen Augen verraten es: Der Seerosenzünsler ist dämmerungsaktiv.

Den Seerosenzünsler erkennt jeder auf den ersten Blick als Schmetterling – aufgerollter Rüssel, große Facettenaugen, zwei Paar Flügel mit wunderschön braun-weißer Marmorierung. Alles da. Also ein Schmetterling wie jeder andere? Absolut nicht! Der kleine Falter kann etwas, das nur wenige Schmetterlinge können: Er verbringt sein Raupenleben unter Wasser – wie die Libellen.

▲ In ihrem Blattgehäuse ist die Zünslerraupe gut getarnt.

Am liebsten sind die kleinen Schmetterlinge in der Dämmerstunde an warmen, trockenen Sommerabenden unterwegs. Unter elf Grad oder bei zu viel Luftfeuchtigkeit schaffen sie den Abflug nicht.

Die Weibchen haben beim Dating den einfacheren Part: Sie müssen sich nur auf einen passenden Pflanzenstängel, eine Laichkrautblüte oder ein Wasserpflanzenblatt setzen und dezente Lockdüfte verströmen. Die Männchen flattern unterdessen etwa handhoch übers Wasser der Tümpel, Gräben oder Teiche und mühen sich, Weibchen zu erschnüffeln.

So eine Zünslerpaarung kennt keine Eile. Gewissenhafte Wissenschaftler haben die Zeit gestoppt. Bis zu 40 Minuten sind die Partner buchstäblich unzertrennlich. Anschließend … passiert erst einmal gar nichts. Die beiden Schmetterlinge trennen sich, flattern ans Ufer und verbringen kopfüber an ein Blatt oder einen Stängel geklammert die Nacht. Erst am nächsten Nachmittag sucht sich das Weibchen einen passenden Platz für sein Gelege. Dort, wo die Blätter der Wasserpflanzen auf dem Wasserspiegel liegen, ist es richtig. Geradezu akrobatisch sieht es aus, wie das Zünslerweibchen seine Eier ablegt: Es setzt sich auf ein Blatt, krümmt den Hinterleib über den Blattrand ins Wasser und klebt die Eier auf die Blattunterseite, im Schnitt etwa 340 Eier.

Bei angenehmen Wassertemperaturen von etwa 20 Grad dauert es zehn bis elf Tage, bis die Raupen schlüpfen. Bei kühlem Wetter allerdings entwickeln sie sich erheblich langsamer. Kaum sind die Raupen aus ihren Eihüllen gekrochen, fressen sie sich rastlos durch Stängel und Blätter der Wasserpflanzen; manche nagen gewundene Gänge durch das Blattinnere, andere ersparen sich diese Tunnelarbeit und beknabbern direkt die Blatthaut – alles natürlich unter Wasser. Mit dem Atmen haben die kleinen Raupen kein Problem. Sie nehmen über die Hautoberfläche ausreichend Sauerstoff aus dem Wasser auf.

Nach einer Heißhungerphase von etwa vier Tagen werden die Raupen »häuslich«: Sie bauen sich winzige Gehäuse aus zurechtgenagten und mit Spinnseide verklebten Blattstückchen und sind von nun an in diesem transportablen Gehäuse unterwegs. Entweder kleben sie ihr Schutz-Biwak auf die Blattunterseite von Schwimmblättern, oder sie bauen mit Spinnseide einen frei beweglichen Köcher, den sie als mobile Schutzhülle mit sich herumschleppen. Zum Fressen müssen sie nur den Vorderkörper aus ihrem Futteral herausstrecken.

Wer wissen will, ob Seerosenzünsler im seinem Gartenteich sind, muss sich nur die Ränder von Schwimmblättern ansehen: Wenn ovale Stücke an den Blatträndern herausgenagt sind, haben sich hier die Zünslerraupen mit Baumaterial versorgt.

Etwa drei Wochen nach dem Schlüpfen, wenn sich die Raupen zum zweiten Mal gehäutet haben, geschieht etwas Merkwürdiges: Sie verköstigen sich nicht mehr an den Blattunterseiten, sondern verspeisen die wasserabweisenden Oberseiten von Seerosen- und Laichkrautblättern – und werden prompt ebenfalls wasserabweisend. Wassertropfen perlen nun vom Raupenkörper ab wie von einer Ölhaut. Fortan sind die Raupen in ein Luftpolster gehüllt und atmen wie andere Insekten durch Atemöffnungen. Auch das neue Köchermodell ist den geänderten Bedürfnissen angepasst: Es ist mit Spinnseide gegen eindringendes Wasser abgedichtet und funktioniert ähnlich wie eine Taucherglocke: Die Raupe holt sich den lebenswichtigen Sauerstoff aus dem kleinen Luftvorrat im Köcher.

Nach der letzten Häutung wird das Raupenfutteral noch fester eingesponnen, noch mehr abgedichtet und so verbessert, dass es sich als Puppenköcher eignet. In diesem Gehäuse macht sich die Raupe an einem Pflanzenstängel auf den Weg nach unten. Etwa eine Handbreit unter der Wasseroberfläche befestigt sie den Puppenköcher am

Pflanzenstängel und zieht sich bis auf Weiteres ins Innere des Köchers zurück.

Etwa zwei Wochen dauert es, bis sich die Raupe in ihrem Gehäuse in einen Schmetterling verwandelt hat. Der Falter schlüpft unter Wasser aus seiner Puppenhülle und krabbelt sofort auf dem schnellsten Weg nach oben. Erstaunlicherweise bleibt er bei dem Auftauchmanöver völlig trocken. Dann trippelt er geschickt wie ein Wasserläufer über die Wasseroberfläche zur nächsten Pflanze und lässt dort erst mal seine Flügel aushärten.

Aber was macht das junge Insekt so wasserfest? Eine Erklärung liefert der Blick durchs Rasterelektronenmikroskop: Die Schmetterlinge tragen ein Kleid aus langen, schmalen, haarähnlichen Schuppen – so fein, dass das Wasser zu »dickflüssig« ist, um in die Zwischenräume eindringen und die darunterliegende Haut befeuchten zu können.

Doch es ist nicht seine bemerkenswerte, angeborene »Wasserfestigkeit«, die dem Seerosenzünsler viele Einträge im Internet beschert; es sind die Ziergarten-Teichbesitzer, die sich Sorgen um ihre Seerosen machen und Tipps gegen die hungrigen Zünslerraupen austauschen. Dabei ist der Ausweg denkbar einfach und auch noch umweltverträglich: Wer Moderlieschen, Elritzen oder Gold-Orfen in seinem Teich ansiedelt, hat mit den Zünslern kein Problem, die Raupen sind bei diversen Teichfischen sehr beliebt.

▲ Eine winzige Raupe nagt am Seerosenblättchen.

▲ Seerosenzünsler: bildschön, aber unbeliebt.

SEEROSENZÜNSLER
Elophila nymphaeata

Merkmale
Seerosenzünsler gehören zu den Nachtfaltern.
Flügelspannweite: 17 bis 28 Millimeter.
Flügelmusterung: auf weißer Grundfarbe unregelmäßige Linien, Bänder und Flecken in verschiedenen Brauntönen.

Vorkommen
Die Raupen entwickeln sich im Wasser von Tümpeln, Seen und Teichen. Weit verbreitet auf der ganzen Nordhalbkugel, im Süden bis Nordafrika, im Norden bis Nordschweden.

Lebensweise
Dämmerungs- und nachtaktiv.
Flugzeit: Juni bis September.
Gesamtdauer der Entwicklung vom Ei bis zum Insekt je nach Temperatur und Witterung: 70 bis 80 Tage, Schlupf der hydrophilen Raupe aus dem Ei nach zehn Tagen.
Entwicklungsdauer bis zur hydrophoben Raupe: 20 bis 25 Tage, bis zur Verpuppung 25 bis 30 Tage
Puppenruhe bis zum Schlupf: zwölf bis 16 Tage.

SEIDENSPINNER *Bombyx mori*

Eine Raupe macht Weltgeschichte

▲ Die Raupe des Seidenspinners hat zwar sechs Punktaugen an jeder Kopfseite, aber bildliches Sehen ist damit kaum möglich.

▲ Auffällig: die geschrumpften Mundwerkzeuge. Der fertige Falter nimmt keine Nahrung mehr zu sich.

Die wohl berühmteste Raupe der Welt ist die Larve des Seidenspinners, eines unscheinbaren chinesischen Schmetterlings. Eine Legende berichtet, wie einst Xi-Lingshi, die Frau des legendären Gelben Kaisers Huang-Di, die unvergleichlichen Fähigkeiten der Seidenraupen entdeckte.

Eines Tages saß Xi-Lingshi unter einem Baum, als plötzlich aus dem Blätterdach ein Kokon herunterfiel, genau in ihre Teetasse. Im heißen Wasser löste sich der Kleber auf, der das Gespinst zusammenhielt. Xi-Lingshi fand den Anfang des Spinnfadens und begann neugierig, die Seide abzuwickeln. Im Inneren entdeckte sie schließlich eine kleine Raupe, und ihr wurde klar, dass nur dieses Wesen der Erzeuger des zarten Fadens sein konnte.

Xi-Lingshi dachte über das Leben der Raupen und ihre bemerkenswerten Fäden nach, fand heraus, wie man sie halten und nutzen konnte und lehrte schließlich auch andere, Raupen aufzuziehen und ihr Gespinst zu verarbeiten. Sie wurde die Schutzherrin der Seidenraupe und wurde später wie eine Göttin verehrt.

Wie viel von dieser Geschichte wahr ist, lässt sich nicht feststellen. Verbürgt ist aber, dass die Seidenraupenzucht und die Kunst der Seidenverarbeitung in China schon vor rund 5000 Jahren verbreitet war und streng geheim gehalten wurde. Wer das Verbot missachtete, dem drohte die Todesstrafe. Nicht von ungefähr: Seide war ein früher Exportschlager, war in der Antike eine Kostbarkeit, die mit Gold aufgewogen wurde.

Erst im Jahre 555 unserer Zeitrechnung soll es zwei persischen Mönchen gelungen sein, Seidenspinner-Eier in ausgehöhlten Wanderstöcken versteckt ins oströmische Konstantinopel zu schmuggeln. Von hier nahm die außerchinesische Seidengewinnung ihren Anfang. Die Spinner taten erst am Bosporus und dann in ganz Europa, was sie zuvor exklusiv im Reich der Mitte getan hatten: Sie schufen Reichtum.

Bis heute ist allen Fortschritten der chemischen Industrie zum Trotz Seide in ihren Eigenschaften unerreicht. Seide ist temperaturausgleichend, enorm dehnbar und bemerkenswert reißfest. Zudem kann sie bis zu einem Drittel ihres Eigengewichts an Feuchtigkeit aufnehmen, ohne sich feucht anzufühlen. Und sie ist bei aller Festigkeit hauchdünn. Ein Strang aus fünf Seidenfäden ist gerade mal so dick wie ein feines Kopfhaar des Menschen

Dabei ist der Wunderfaden mit den phantastischen Eigenschaften im Grunde nichts anderes als getrocknete, ausgehärtete Spucke. Unten am Kopf der Larve, direkt über dem vordersten Beinpaar, sitzt die Spinnwarze, in die zwei Spinndrüsen münden. Bei einer verpuppungsreifen Raupe tritt aus dieser »Düse« unablässig eine honigartig zähe Flüssigkeit aus, die an der Luft zu einem hauchdünnen Faden erhärtet. Da die Raupe beim Fadenspinnen ständig den Kopf dreht und wendet, wickelt sich der immer länger werdende Faden um ihren Körper wie Garn um eine Spindel. Ein Kokonfaden kann bis zu vier Kilometer lang werden. Um ein einziges Kilo Seide zu gewinnen, müssen die Kokons von etwa 5000 Raupen verarbeitet werden.

▲ Fressmaschine: In fünf Wochen können die Seidenraupen um das 10 000-Fache an Gewicht zulegen.

Seidenraupen sind extrem wählerisch: Nur Blätter der Maulbeerbäume kommen ihnen zwischen die unablässig mümmelnden Kiefer. Im Verlauf ihres fünfwöchigen Raupenlebens nehmen sie auf das 10 000-Fache ihres Startgewichts zu, wobei 40 Prozent des Körpergewichts auf ihre hochproduktiven Spinndrüsen entfallen.

Womöglich noch bemerkenswerter als die Drüsen der Raupe sind die Antennen – so nennen Insektenkundler die Fühler – des erwachsenen Seidenspinnermännchens. Die beiden fein verästelten Gebilde erinnern ein wenig an Farnblätter und sind dicht besetzt mit hochsensiblen Sinneshaaren, pro Antenne an die 17 000 Stück! Damit die Seidenspinnermännchen das Weibchen zielsicher ansteuern können, brauchen sie 200 bis 300 Molekültreffer auf ihren Fühlern. Das ist fast unvorstellbar wenig. Hätten die Schmetterlingsmänner lediglich die Geruchssensibilität von uns Menschen, müsste man den Weibchenduft ungefähr 200 000-fach stärker konzentrieren, damit sie ihn wahrnehmen und darauf reagieren könnten.

Die weit ausladenden Antennen sorgen dafür, dass die Männchen »stereo« riechen können. Aus den unterschiedlichen Duftkonzentrationen, die jeweils den linken oder rechten Fühler erreichen, können sie die Duftrichtung ermitteln. Ein fliegender Schmetterlingsmann muss sich jetzt nur noch so ausrichten, dass die rechte und die linke Antenne genau gleich viel Duft abbekommen, und dann gegen den Wind Kurs halten, immer der steigenden Duftkonzentration entgegen.

Jahrmillionenlang, bevor Seidenspinner zu Zucht- und Haustieren wurden, spürten die Seidenspinnermännchen auf diese Weise ihre Weibchen auf. Auch die heutigen Männchen reagieren noch hochsensibel auf Weibchenduft, aber sie wären außerstande, dem betörenden Duft aktiv zu folgen. Mehr als aufgeregtes Herumkrabbeln und -schwirren mit den viel zu kleinen, lappenartigen Flügeln bringen sie nicht mehr zuwege; sie sind schon vor langer Zeit zu Fußgängern geworden. Auch die Weibchen haben die Instinktsicherheit ihrer Ahnen längst verloren: Sie können nicht einmal mehr verlässlich die richtige Nahrungspflanze finden. Wozu auch? Die Futterpflanzen werden ihnen ja vorgesetzt … Im Verlauf der Jahrtausende hat der Mensch den Seidenspinner so gründlich nach seinen Bedürfnissen verändert, dass er ohne ständige Betreuung nicht mehr lebensfähig ist.

▲ Zwei Raupen spinnen sich zwischen Maulbeerblättern ein, um sich zu verpuppen.

▲ Immer auf Empfang: der Seidenspinnermann.

SEIDENSPINNER
Bombyx mori

Merkmale
Flügelspannweite: 32 bis 38 Millimeter. Abstammung des domestizierten Seidenspinners vermutlich von *Bombyx mandarina*, einer wilden Spinnerart. *Bombyx mori* hat das tarnfarbene Rindenmuster des wilden Ahnen längst verloren. Der dickliche, pelzige Körper ist mehlig weiß, die Flügel tragen auf weißem Grund eine blassbraune Bänderung. Die Flügel wirken im Verhältnis zum Körper unverhältnismäßig klein.

Vorkommen
Bombyx mori ist nur in menschlicher Obhut, nicht in der freien Natur überlebensfähig. *Bombyx mandarina*, der wilde Verwandte des Seidenspinners, lebt von Nordindien über Nordchina, Korea, Japan bis in die fernöstlichen Gebiete Russlands.

Lebensweise
Ein *Bombyx*-Weibchen legt 300 bis 500 Eier. Schlupf der drei Millimeter großen Raupen nach sieben bis 14 Tagen. Nach 35 bis 40 Tagen und vier Häutungen sind die Raupen neun bis zehn Zentimeter lang und verpuppungsreif. Nach drei Wochen Puppenruhe schlüpft der Falter. Am Seidenspinner wurde 1959 der Duftstoff Bombykol analysiert. Damit begann die Erforschung der Duftsprache bei Insekten.

HAUHECHEL-BLÄULING *Polyommatus icarus*

Ein Blau der anderen Art

▲ Im grünen Outfit ist die Raupe im Klee optimal getarnt.

▲ Ganz anders der fertige Falter: Aufsehen erregen zur rechten Zeit gehört durchaus zum Plan.

Der bläuliche Wuschelkopf gehört einem Schmetterling. Genauer: einem Hauhechel-Bläuling. Am liebsten trinkt er Nektar aus den Blüten der Hauhechel-Staude und aus Hornklee-Blüten.

Weil Hornklee noch einigermaßen flächendeckend vorkommt, gehört dieser Tagfalter noch zu den häufigeren unter den weltweit 5200 Bläulingsarten. Ein Allerweltsfalter, wie es sein deutscher Zweitname »Gemeiner Bläuling« vortäuscht, ist er allerdings längst nicht mehr.

Den Namen »Bläulinge« darf man nicht zu wörtlich nehmen: Längst nicht jeder Bläuling ist blau. Es gibt auch braun gemusterte oder leuchtend orangefarbene Arten. Farbe zeigen ohnehin nur die Männchen; bei den Weibchen dominiert unauffälliges Braun. Bläulinge leisten sich also das, was Biologen Geschlechtsdimorphismus nennen: Männlein und Weiblein sehen recht unterschiedlich aus.

Wer sich Schmetterlingsflügel einfach als bunt gefärbte Flughäute vorstellt, hat die Raffinesse der Natur unterschätzt. Die Färbung kommt erst durch Tausende winziger hohler Schüppchen zustande, die überlappend wie Dachziegel auf dem Flügel sitzen: Jede der winzigen Schuppen hat am oberen Ende einen vorspringenden Zapfen, der genau in eine Vertiefung auf dem Flügel passt; da ist nichts festgewachsen und nichts verklebt. Berührt man einen Schmetterlingsflügel, fallen die Schuppen herunter wie bunter Staub. Schmetterlingsstaub.

Da jede der Schuppen nur eine Farbe hat, entsteht erst im Zusammenspiel der unzähligen Schüppchen wie in einem Mosaik die Musterung.

Doch es wird noch komplizierter: Nur wenige Farben, vor allem Schwarz und Braun, kommen durch Pigmente zustande. Die übrigen Farben entstehen, weil das einfallende Licht an den raffinierten Oberflächenstrukturen der Schuppen (an hauchdünnen Chitinlamellen, -rillen und -graten der Schuppen oder von der darunterliegenden Flügelhaut) gestreut oder gebrochen wird. Das Blau der Bläulinge zum Beispiel ist keine Farbe, sondern das Ergebnis von Lichtbrechung und -streuung (auch das Blau eines Bergsees kommt ja nur zustande, weil die verschiedenen Farbanteile des Lichts vom Wasser und den enthaltenen Schwebeteilchen unterschiedlich stark absorbiert und gebrochen werden).

Wer knallblau durchs Leben flattert, fällt auf; und wer auffällt, wird leicht mal zu Futter. Deshalb: Wenn Bläulinge sich im Pulk kopfüber an Grashalmen zur Ruhe begeben oder an Hauhechel, Hornklee und Ginster Nektar schlürfen, lassen sie aus gutem Grund die Flügel zusammengeklappt auf dem Rücken und zeigen nur die wenig spektakuläre Unterseite.

Wo die Falter auf Futtersuche unterwegs sind, legen sie auch gleich ihre Eier ab. Hornklee und seine Verwandtschaft sind nicht nur beliebte Nektartankstellen der Falter, sondern auch das Lieblingsfutter der Raupen. Bläulingsraupen sind Meister der Tarnung. Grasgrün und platt wie Asseln hocken sie auf ihren Klee- oder Hauhechel-Blättern; für das menschliche Auge sind sie fast unsichtbar. Ameisen allerdings lassen sich von optischer Tarnung nicht täuschen. Sie stürzen sich auf die Raupe … und aus ist's?

▲ Der Hauhechel-Bläuling klebt sein Ei bevorzugt an die Blätter jungen Hornklees.

▲ Die Raupe des Hauhechel-Bläulings knabbert am liebsten verschiedene Klee-Arten, besonders Hornklee.

Nein, es kommt ganz anders. Die Raupen sondern aus Poren auf ihrem Körper ein Sekret ab, dessen Duft Ameisen absolut unwiderstehlich finden. Doch die Raupen riechen nicht nur betörend, sie haben auch noch einen sehr nahrhaften, süßen Cocktail zu bieten, den sie aus der Nektardrüse an ihrem Hinterende absondern. Die Ameisen schlürfen den Nektar und verteidigen ihren Cocktail-Spender fortan gegen Parasiten und andere Insekten. Manchmal bauen sie sogar einen Stall, in dem die Raupen geschützt überwintern. Merke: Das richtige Getränk kann Freunde schaffen.

Aber nicht immer geht es für alle Beteiligten so friedlich und harmonisch ab. Die Raupen der nahe verwandten Ameisen-Bläulinge (Gattung *Maculinea*) gehen rabiater zur Sache. Zunächst fressen sie sich an Blüten dick und rund, lassen sich nach der dritten Häutung zu Boden plumpsen und verströmen alsdann einen Honigduft, dem keine Ameise widerstehen kann. Prompt werden sie von den sozialen Insekten in ihren Bau getragen, wo sie zuverlässig Honig aus ihren Honigdrüsen ausschwitzen. Die Ameisen schlürfen den nahrhaften Drink – und merken nicht, dass ihre Honiglieferanten nebenbei eine Ameisenlarve nach der anderen verspeisen. Bis zu 600 Ameisenlarven frisst eine Bläulingsraupe, bevor sie sich im Juni verpuppt!

Der Schmetterling, der Anfang Juli im Ameisenbau aus der Puppenhülle schlüpft, hat im Gegensatz zur Raupe nichts, was Ameisen davon abhalten könnte, ihn anzugreifen und zu zerlegen. Er kann nur möglichst schnell das Weite suchen, bevor die ehemaligen Gastgeber ihn zu fassen kriegen. Nur die wollige Schuppenhülle rund um seinen Körper gibt dem Flüchtigen ein wenig Schutz vor den Kiefern der Ameisen.

▲ Männlicher Hauhechel-Bläuling: Wer auffällt, findet leichter eine Partnerin.

▲ Das Muster auf der Flügelunterseite sieht bei jeder Bläulingsart ein wenig anders aus.

HAUHECHEL-BLÄULING

Polyommatus icarus

Merkmale
Flügelspannweite: 25 bis 30 Millimeter. Männchen mit leuchtend blau-violetten Flügeloberseiten, Weibchen oberseits braun gefärbt. Flügelunterseite bei beiden Geschlechtern graubraun mit schwarzen, weiß gesäumten Tupfen und orangefarbenen Randflecken.

Vorkommen
Hauhechel-Bläulinge kommen in vielen offenen Lebensräumen vor, Trockenrasen oder Moorwiese, Wegböschung oder Brachfläche oder auf Alpenwiesen bis in 2000 Meter Höhe. Der Falter verschwindet, wo zu häufig gemäht wird. Verbreitet in ganz Europa, Afrika und den gemäßigten Regionen von Asien bis Nordchina. Neuerdings auch in Kanada.

Lebensweise
Bis zu vier Generationen pro Saison. Die Raupe ist grasgrün, asselartig abgeplattet. Die letzte Generation Raupen überwintert und vollendet die Entwicklung erst im folgenden Frühjahr. Die Falter sind ab Anfang Mai zu sehen. Die Männchen verteidigen Territorien auf nektarreichen Wiesen.

▲ Der Asiatische Marienkäfer *Harmonia axyridis* ist gleich zum Start bereit, die Deckflügel sind hochgeklappt, und seine Hinterflügel werden entfaltet.

Insektenkundler – auch schon mal abschätzig Käferbeinzähler genannt – schrecken im Allgemeinen davor zurück, Käfer-Arten zu beziffern. In einem aber sind sich die Entomologen einig: Käfer sind die weltweit artenreichste Insektengruppe, mehr noch: Käfer sind die artenreichste Tiergruppe überhaupt.

Schätzungsweise jedes vierte Tier, das auf Erden lebt, ist ein Käfer! Als der berühmte britische Biologe John B. S. Haldane[1] einmal von Theologen gefragt wurde, welche Schlüsse man wohl aus der Untersuchung der Schöpfung auf das Wesen des Schöpfers ziehen könne, soll er geantwortet haben: »Eine übermäßige Vorliebe für Käfer.« Etwa 350 000 Käferarten (sehr grobe Schätzzahl) sind bisher beschrieben worden. Und eine nicht abschätzbare, aber vielfach größere Zahl von Käferarten wird verschwinden, wird aussterben, ehe ein Taxonom sie registriert hat.

Und das, obgleich Käfer ganz erstaunliche Talente haben. Um nur von der Geschwindigkeit zu reden: Wenn man einem davonkrabbelnden Käfer genauer aufs Laufwerk schaut, kommt man aus dem Staunen nicht mehr raus. Wie schafft es der kleine Kerl voranzukommen, ohne sich dabei mit seinen sechs Beinen zu verheddern? Ganz einfach – er hat immer nur drei Beine am Boden, während die anderen drei in der Schwebe sind. Das sieht dann so aus: Links sind das vordere und hintere Bein im Einsatz zusammen mit dem Mittelbein rechts. Dann kommen rechts das vordere und hintere Bein auf den Boden, zusammen mit dem mittleren Bein links, und so weiter. Mit dieser Lauftechnik kann sich ein Käfer vom gemächlichen Trippelschritt stufenlos bis zum rasenden Lauf steigern, ohne sich selbst ein Bein zu stellen.

Verblüffend, wie schnell einige Käferarten krabbeln können. Krabbeln? Nein, eher rasen. Eine kleine australische Sandlaufkäferart, die von Kopf bis Hinterleibende gerade mal zwei Zentimeter misst, bringt es auf eine Spitzengeschwindigkeit von neun Stundenkilometern – ein ehrlich erlaufener Rekord. Unser beeindruckend schneller einheimischer Feldsandlaufkäfer dagegen schummelt: Wenn er verfolgt wird, unterbricht er seine Sprints immer wieder durch kurze Flugstrecken. Noch schneller ist die Larve eines nahen Verwandten, des amerikanischen Dünensandlaufkäfers; aber auch ihr Rekord ist nicht reine Beinarbeit. Man kann zu Recht sagen, dass sie das Rad erfunden hat: Wenn Gefahr droht, schnellt die Larve in die Luft, krümmt ihren Körper zu einem Kreis und lässt sich als lebendes Rad vom Wind davonrollen. Wenn der Boden glatt genug und hindernisfrei ist, schafft der Winzling bis zu 60 Meter Rollstrecke am Stück. Gone with the wind.

Aber eigentlich ist das typische Merkmal der Käfer nicht ihre Lauftechnik, sondern die Flugausrüstung. Ihr wissenschaftlicher Name *Coleoptera* verrät, welches Merkmal sie alle gemeinsam haben: *Coleos* hieß im Altgriechischen die lederne Hülle des Schwertes, und *Pteron* bedeutet Flügel. Alle Käfer haben ledrig-feste, oft wunderschön gemusterte Deckflügel, die ein zweites Paar dünner, durchsichtiger Flügel überdecken, solange der Käfer zu Fuß unterwegs ist. Wenn er abfliegen will, stellt er die Deckflügel auf und lässt die raffiniert gefalteten, deutlich längeren Hautflügel herausklappen, so ähnlich, wie sich ein Flamencofächer mit einem kurzen Ruck entfalten lässt. Nach der Landung werden die Hautflügel mithilfe der Hinterbeine wieder ordentlich zusammengefaltet und unter den Deckflügeln verstaut.

Wozu diese Schutzdeckel gut sind, wird jedem klar, der einmal zugesehen hat, wie sich ein Käfer durch abgefallene Zweige, dornige Stängel oder zwischen scharfkantigen Steinen hindurcharbeitet: Wäre er ungeschützt unterwegs, würden die Hautflügel schnell in Fetzen herunterhängen. Keine Fliege, keine Libelle würde einen typischen Käfer-Parcours mit heilen Flügeln überstehen.

Die Deckflügel, kombiniert mit dem chitingepanzerten Körper, schützen nicht nur gegen Dornen, sie halten auch den einen oder anderen Feind ab. Aber es gibt im Käfer-Weltreich noch weit mehr Abwehrvarianten. Marienkäfer, viele Rüsselkäfer oder die knallroten Lilienhähnchen *Lilioceris lilii* lassen sich bei Gefahr blitzschnell vom Blatt fallen. Andere Käfer sind dank perfekter Tarnung fast unsichtbar. Sie sehen aus wie schillernde Tautropfen (Rainfarn-Schildkäfer *Cassida stigmatica*), wie Rindenstückchen (Schrotbock *Rhagium inquisitor*) oder Pilzgeflechtklümpchen *(Cyphochilus)*. Wieder andere sorgen dafür, dass ihren Feinden der Appetit vergeht. Die Larven des Lilienhähnchens zum Beispiel bekleckern sich mit ihren eigenen Exkrementen und krabbeln ihr ganzes Larvenleben lang in einer Art Kothemd umher. Und die berühmte Spanische Fliege *Lytta vesicatoria* (die keine Fliege ist, sondern ein Käfer) speichert in ihren Flügeldecken die giftige Substanz Cantharidin, die im Feindesmaul unangenehme Blasen entstehen lässt.

Giftige oder übel schmeckende Käfer warnen häufig mit knalligen Mustern in Gelb und Rot vor ihrer Unbekömmlichkeit. Und viele harmlose, völlig ungiftige Käferarten kopieren gern deren Warntracht: Sie profitieren vom Abschreckungspotenzial der »Giftzwerge«, ohne selbst in Verteidigung investieren zu müssen.

Aus dem Käferuniversum stammt auch eine der verblüffendsten Waffen, die es im Tierreich gibt. Viele Millionen Jahre, bevor der Mensch mit Schwarzpulver zu hantieren begann, beherrschten die Bombardierkäfer schon Explosiva. Werden diese Käfer (*Brachininae*; in Europa leben 51 Arten) bedroht, können sie dem Angreifer gezielt ein heißes, ätzendes, übel riechendes Gasgemisch entgegenschießen.

1 John B. S. Haldane (1893–1964) war Professor für Physiologie an der Royal Institution in London. Später lehrte er Genetik am University College in London. Sein Buch »The Causes of Evolution« (1932) machte erstmals die Synthetische Evolutionstheorie bekannt. Haldane wurde nicht zuletzt wegen seiner außergewöhnlichen Begabung bekannt, wissenschaftliche Sachverhalte allgemein verständlich ausdrücken zu können.

▲ Bombardierkäfer *Brachynus spec.*

Das Verblüffende: Die Käfer führen das Abwehrgas nicht in irgendwelchen Hohlräumen ihres Chitinpanzers mit sich, es wird bei Bedarf jeweils frisch produziert, und zwar blitzartig. In je einer körpereigenen Sammelblase lagern Hydrochinon und Wasserstoffperoxid. Rückt ein Feind an, werden die beiden Chemikalien in die sogenannte Explosionskammer gepresst. Spezielle Zellen injizieren zwei Enzyme in die Brennkammer, das Gemisch explodiert. Ein 100 Grad heißer, stinkender, ätzender Gascocktail entlädt sich mit hörbarem »Ping« Richtung Gegner. Ein Bombardierkäfer trifft selten daneben, denn er kann seinen Hinterleib mit der Spraydüse fast in jede Richtung schwenken, sogar durch die Beine hindurch nach vorne. Selbst Gottesanbeterinnen oder Spinnen, die um ein Vielfaches größer sind als der Käfer, kapitulieren vor dieser Attacke.

Cocktails ganz anderer Art liegen in der Luft, wenn Käfer Nachwuchs zeugen wollen. Da die meisten Käfer nicht sonderlich gut sehen, spielt der Geruchssinn eine besonders wichtige Rolle. Bei Borkenkäfern *Scolytinae* zum Beispiel läuft die gesamte Verständigung in der Paarungszeit per Duftbotschaft ab. Der Buchdrucker *Ips typographus*, ein halbzentimetergroßes Käferlein, sucht zur Paarungszeit zunächst mal nicht den Duft der Frauen, sondern den Geruch von Krankheit und Siechtum: Sein Ziel sind kränkelnde Fichten. Hat er einen hinreichend kranken Baum mit seinen hochsensiblen Fühlern erschnüffelt, »ruft« er zum Sammeln – per Aggregationsduft. Der Grund: Er braucht unbedingt Verstärkung, denn gegen einen Käfer allein könnte sich selbst eine kränkelnde Fichte mit ihrem zähen Harz wehren. Einer ganzen Legion von Buchdruckern aber ist die Fichte nicht gewachsen. Die ersten Käfer, die sich ins Holz nagen, gehen noch im Harzfluss zugrunde, die nachfolgenden aber beißen unbehelligt ihre Gänge ins Holz, während sie gleichzeitig mit speziellen Düften Weibchen herbeilocken. Sollte ein Baum allzu dicht mit Käfern besiedelt sein, wird auch dieser Status per Duft an die Käferwelt gemeldet.

Auch der Schwarze Kiefernprachtkäfer *Melanophila acuminata* muss für seinen Nachwuchs genau das richtige Holz finden, doch seine Bedürfnisse sind noch weit ausgefallener: Seine Larven hätten selbst gegen die schwache Gegenwehr eines kranken Baumes keine Chance. Sie können nur in der Bastschicht von solchen Bäumen wachsen und gedeihen, die gerade den Flammentod gestorben sind. Kokelnde Bäume finden die erwachsenen Käfer aus zig Kilometern Entfernung: Alarmiert werden sie von der Substanz Guajacol, einem typischen Bestandteil von Holzrauch. Auf dem Suchflug lassen sie sich dann von hochempfindlichen Infrarotsensoren leiten, die noch auf feinste Temperaturunterschiede ansprechen. Wissenschaftler der Universität Bonn[2] haben festgestellt, dass der Infrarotsinn des Käfers sensibler ist als der ihrer eigenen Hightech-Messinstrumente.

Eine besonders liebenswerte Art, ihre Weibchen zu bezirzen, haben Waldmistkäfer *Anoplotrupes stercorosus* entwickelt: Sie besingen ihre Weibchen regelrecht. Hat ein Käfermann ein Käferweibchen aufgespürt und mit trillernden Antennen festgestellt, dass sie eine geeignete Partnerin wäre, zirpt er Werbelaute. Dann folgt eine gemächliche Verfolgungsjagd: sie vorneweg, er hinterdrein. Verlieren sich die beiden unterwegs, geben beide Suchlaute von sich. Hat das Käferweibchen einen passenden Kothaufen für die Eiablage entdeckt, fängt sie an, sich einzugraben – unter Absingen sogenannter Führungslaute. Die Paarung findet tief unten im Separee des selbst gegrabenen Stollens statt. Anschließend legt das Weibchen in die Seitengänge des »Bergwerkes« jeweils ein Ei und versorgt jedes mit einer Portion Kot als Proviant. Ein Jahr dauert es, bis die Mistkäferbrut sich entwickelt und verpuppt hat und sich nach oben ans Tageslicht arbeitet.

▲ In zwei Gruben auf der Bauchseite sitzen beim Schwarzen Kiefernprachtkäfer *Melanophila acuminata* hochempfindliche Infrarotsensoren.

2 Martin Müller, Maciej Olke, Michael Giersig und Helmut Schmitz, Wissenschaftler der Universität Bonn, forschen am Infrarotsinn des Kiefernprachtkäfers (siehe https://www.uni-bonn.de/neues/kaefer-hoert-wenn-es-brennt).

▲ Einer der schönsten Käfer in den europäischen Bergregionen: der Alpenbock *Rosalia alpina*.

BRAUNER PELZKÄFER *Attagenus smirnovi*

Der Schrecken der Museen

▲ Ein haariger Fellfresser: die Larve des Pelzkäfers.

▲ Die Mini-Mundwerkzeuge verraten es: Erwachsene Pelzkäfer *Attagenus smirnovi* richten keinen Schaden an.

Der Braune Pelzkäfer trägt im Englischen einen merkwürdigen Namen: Vodka beetle. Doch der Name weist nicht etwa auf eine Vorliebe für Kartoffelschnaps hin. Die Briten ließen sich vom Namen eines Wissenschaftlers inspirieren, der – wie ein bekannter Marken-Wodka – Smirnov hieß; der Russe entdeckte den Käfer 1961 in Moskau.

Eigentlich ist *Attagenus smirnovi* im warmen Afrika zu Hause, doch seit etwa 50 Jahren erobert er nach und nach die geheizten Wohn- und Schlafzimmer Europas. Sein Siegeszug scheint kaum zu stoppen, zumal die Larven des gerade mal fünf Millimeter große Winzlings überall Verstecke finden: in den dunklen Ecken des Kleiderschranks, hinter Fußbodenleisten oder – sehr beliebt – in den breiten Ritzen alter Parkettfußböden.

Der Käfer selbst sieht ausgesprochen putzig aus und lebt genügsam von Blütenpollen und Nektar. Die borstigen Larven dagegen stehen im Ruf echter Problemtiere. Heißhungrig fallen sie über Fell und Wolle, Federn und Teppiche her. Diese eigenartige Diät würde den meisten Insekten unverdaulich im Magen liegen, den Larven des Pelzkäfers aber bekommt sie ausgezeichnet: Sie beherbergen in ihrem Darm mikroskopisch kleine Organismen, die imstande sind, Haare und Federn in Nahrungsbrei zu verwandeln.

Sind die gefräßigen Larven schon im Kleiderschrank ein Ärgernis, können sie in Museen regelrechte Desaster anrichten. Fliegend oder als blinde Passagiere finden immer wieder trächtige Weibchen den Weg ins Museum. Eine einzige Käferin legt rund 60 Eier, am liebsten ganz in der Nähe von geeignetem Larvenfutter. In Museen ist die Auswahl paradiesisch: historische Kostüme und Teppiche, Pelze und vor allem ausgestopfte Tiere, denen die Larven gewissermaßen einen zweiten Tod bringen – alles ist feinste Larvennahrung und wird benagt und durchlöchert. (Man stelle sich vor: Einer von Napoleons berühmten Zweispitzen überlebt Austerlitz und Waterloo und unterliegt nun dem Zangenangriff von *Attagenus smirnovi*.)

Allenfalls die Temperatur kann den Appetit und das Entwicklungstempo der Käferlarven bremsen. Bei optimalen 24 Grad und guter Versorgungslage schafft es eine Larve in einem halben Jahr zum Käfer; bei ungünstigen

▲ Die Larve des Pelzkäfers: ein borstiges, kleines Wesen mit gigantischem Appetit.

Bedingungen dauert es anderthalb Jahre, bis sie ihre zwölf Häutungen absolviert, sich verpuppt und zum Käfer entwickelt hat.

Im nördlichen Europa machen kühlere Temperaturen den Winzling zwangsläufig zum Stubenhocker. Hier tut er sich schwer, eigenständig neue Nahrungsgründe für seine Larven anzufliegen (allenfalls als blinder Passagier kann er sich neues Terrain erobern). Ob sich also mit ausgeklügelter Temperatursteuerung das Fraßrisiko in Museen minimieren ließe? Verschiedene nordeuropäische Museen und wissenschaftliche Einrichtungen sind koordiniert dabei, das Fressverhalten der Pelzkäferlarven bei unterschiedlichen Temperaturen zu ermitteln. Die bisherigen Ergebnisse sind eindeutig: Bei 28 Grad vertilgen Pelzkäferlarven eine doppelt so große Menge Häute und Leder wie bei 20 Grad. Kühle Ausstellungsräume wären also ein (Abwehr-)Schritt in die richtige Richtung.

In privaten Wohnungen empfiehlt sich ein anderes Vorgehen: Die erwachsenen Käfer lieben – anders als ihre Larven – das Licht und sammeln sich zuhauf auf Fensterbänken. Mit einem guten Staubsauger lassen sich beachtliche Breschen in die Bestände schlagen. Noch effizienter lassen sich die Krabbler mit Pheromonfallen bekämpfen. Diese Klebefallen sind mit dem Lockduft (dem Pheromon) vermehrungswilliger Weibchen bestrichen – einem Parfum, dem kein Käfermännchen widerstehen kann.

So unbeliebt der Pelzkäfer, bzw. seine Larve, in Haushalt und Museum ist, so willkommen ist *A. smirnovi* bei forensischen Entomologen – bei kriminalistischen Insektenkundlern. Sie können aus der Insektenfauna in und an einer Leiche eine Menge über den Todeszeitpunkt ablesen. Zuallerletzt, wenn die Schmeißfliegen *Calliphoridae*, Käsefliegen *Piophilidae* und Soldatenfliegen *Hermetia illucens* ihre Arbeit getan haben, kommen die Pelzkäferlarven und machen sich über trockene Haut und Haare her. Sie sind die letzten Zeugen am Tatort.

▲ Historische Darstellung von Fellfressern.

▲ Erwachsene Pelzkäfer leben nur von Pollen und Nektar.

BRAUNER PELZKÄFER

Attagenus smirnovi

Merkmale
Körper elliptisch, leicht gewölbt, Flügeldecken rötlich- oder gelbbraun, mit kurzen Härchen bedeckt, Thorax und Kopf schwarz, Beine und Antennen rötlich gelb. Die Enden der Antennen verdicken sich bei den Männchen zu keulenartigen Gebilden. Weibchen 0,5 Zentimeter lang, Männchen deutlich kleiner. Größe der Larven etwa acht Millimeter – also größer als die Käfer. Auffallende Merkmale der Larven: Borstenschwanz und abstehende Borsten an jedem Körpersegment.

Vorkommen
Ursprüngliche Heimat ist das tropische Afrika. 1961 wurde der Pelzkäfer in Moskau entdeckt, 1963 in Dänemark, 1985 in Mecklenburg-Vorpommern. Im kühlen Mitteleuropa überleben die Käfer ganzjährig nur in Gebäuden.

Lebensweise
Entwicklungsdauer vom Ei bis zum fertigen Käfer: je nach Temperatur, Luftfeuchtigkeit und Nahrungsqualität sechs bis 18 Monate. Lebenserwartung des erwachsenen Käfers: etwa ein Monat.

HARLEKIN-MARIENKÄFER *Harmonia axyridis*

Die Unersättlichen

▲ Die Larve des Asiatischen Marienkäfers *Harmonia axyridis* schützt sich mit einer stacheligen Hülle.

▲ Der erwachsene Marienkäfer: gut gepanzert.

Obwohl so viele Menschen Insekten eklig finden, werden Marienkäfer geliebt und geachtet. Unsere Ahnen unterstellten dem hübschen kleinen Krabbler sogar so etwas wie Gottgesandtschaft und gaben ihm die erlesensten Namen, von Herrgottskälbchen über Muttergotteskäfer bis Himmelsmietzchen.

Seinen gängigen Namen Marienkäfer bekam der Kleine angeblich, weil er auf Geheiß der Jungfrau Maria auf Erden weilt und zum Wohle des Menschen Blattläuse vertilgt.

Was den Appetit auf Läuse angeht, wird der bekannte Siebenpunkt *Coccinella septempunctata* allerdings vom Asiatischen Marienkäfer *Harmonia axyridis* weit in den Schatten gestellt. Der Harlekin-Marienkäfer, wie er wegen seines abwechslungsreichen Tupfenmusters auch heißt, kommt von weit her. Vor einigen Jahrzehnten wurde er aus China und Japan erst nach Nordamerika und dann nach Europa geholt – als biologischer Terminator gegen Blattläuse in Gewächshäusern. Das klappte hervorragend. Der Harlekin frisst bis zu 270 Läuse an einem einzigen Tag und übertrifft damit unseren heimischen Siebenpunkt an Gefräßigkeit um etwa das Fünffache. Einen ebenso bemerkenswerten Appetit haben seine Larven: In ihrer rund dreiwöchigen Entwicklungszeit frisst eine Harlekinlarve bis zu 1200 Läuse. Und da ein Weibchen im Laufe seines Lebens bis zu 3500 Eier legt, schien der Harlekin-Import ein voller Erfolg zu sein.

Wenn sich die Käfer nur an die Gewächshäuser gehalten hätten! Doch 2001 entdeckte man in Belgien den ersten Harlekin auf freiem Fuß, 2002 krabbelten in einigen Gegenden Westdeutschlands Harlekins schon massenhaft im Freiland herum. Zwei Jahre später zeigte sich der Käfer in Frankreich und im Süden Englands, wenig später in der Schweiz und in Österreich. Gleichzeitig wurden die einheimischen Siebenpunkte immer seltener. Naturschützern schwante Schlimmes.

Die rasante Ausbreitung des Harlekins kam nicht ganz unerwartet. Immerhin bringt er es auf bis zu vier Generationen im Jahr, während der heimische Siebenpunkt bestenfalls zwei schafft. Außerdem sind die Neuen im Herbst noch auf den Beinen, wenn die Siebenpunkte sich längst in ihre Winterschlupfwinkel zurückgezogen haben.

Doch das alles erklärt noch nicht die Geschwindigkeit des Harlekin-Siegeszuges. Es musste noch etwas Besonderes geben, das sie so unschlagbar macht. Tatsächlich fand sich eine Spur, der ein deutsches Expertenteam nachging. Den Forschern war aufgefallen, dass Harlekinkäfer mit Vorliebe die Eier von Siebenpunkten fressen – eine Mahlzeit, die ihnen ausgezeichnet bekommt. Verspeist dagegen ein Siebenpunkt ein Harlekingelege, überlebt er diesen Imbiss nur kurz. Könnte es also nicht sein, so die naheliegende Frage, dass der Harlekin seinen Nachwuchs mit Gift gegen potenzielle Fressfeinde schützt? Und wenn

▲ Auch die Larven des Asiatischen Marienkäfers haben Blattläuse zum Fressen gern.

ja, welches Gift ist so beschaffen, dass es dem Harlekin selbst nicht schadet, wohl aber seine Fressfeinde erledigt?

Ein Wissenschaftlerteam der Universität Gießen[1] nahm sich erst einmal das »Käferblut« vor, die sogenannte Hämolymphe. Was sie fanden, sah schon sehr nach heißer Spur aus: Anders als die Hämolymphe einheimischer Marienkäferarten enthält die der Harlekins eine antibakteriell wirkende Substanz, der die Forscher den Namen Harmonin gaben. Die Vermutung lag nahe, dass Harmonin nicht nur Bakterien bekämpft, sondern auch hungrige Feinde. Doch die anschließenden Tests stützten diese Vermutung keineswegs. Als die Wissenschaftler synthetisch hergestelltes Harmonin einheimischen Marienkäfern injizierten, vertrugen die Testkäfer selbst hoch dosierte Harmonin-Gaben ohne Weiteres. Injizierten sie dagegen den Versuchstieren Hämolymphe des Harlekins, starben sie schon kurz nach der Behandlung. Beide Versuchsreihen zusammengenommen ließen nur einen Schluss zu: Nicht die auffällige antibakterielle Substanz Harmonin tötet. Es musste etwas anderes sein, etwas in der Lymphe. Aber was?

Bei der genauen Analyse fanden die Wissenschaftler etwas, das man in Käferblut nicht vermuten konnte: winzige parasitische Einzeller, die in die Zellen des Wirtes eindringen können, ihn schwächen und töten. Das gilt für den Marienkäfer, nicht aber für den asiatischen Einwanderer, der die Parasiten mit sich herumträgt, ohne dass sie ihn schädigen. Warum er selbst immun bleibt, ist noch nicht restlos geklärt. Man vermutet, dass ihm das Harmonin hilft, die Parasiten auf einem ungefährlichen Niveau zu halten. Erste Tests jedenfalls haben erwiesen, dass die Substanz Harmonin ein hochwirksames Antibiotikum gegen TBC und Malaria ist. Der Harlekin wehrt sich mit über 50 verschiedenen Eiweißstoffen gegen krank machende Bakterien! Sollten weitere Versuche halten, was man sich erhofft, hat der Harlekin womöglich eine Karriere als Lieblingstier der Pharmaindustrie vor sich. Also allenthalben Begeisterung?

Fast, aber nicht ganz. Weinbauern sehen den Siegeszug der Käfer mit gemischten Gefühlen. Einerseits hilft ihnen der unbändige Appetit der Harlekins, Rebläuse und andere Schädlinge in ihren Weinbergen in Schach zu halten. Andererseits tragen versehentlich mitgekelterte Käfer nicht gerade zum Wohlgeschmack der edlen Tropfen bei. Denn alle Marienkäfer haben die Eigenart, unter Stress aus Drüsen an ihren Beingelenken eine übel riechende gelbliche Flüssigkeit auszuschwitzen, das sogenannte »Reflexblut«. Ab vier bis fünf Käfern pro Kilo Rieslingtrauben können Winzer eine modrige »Käfernote« ausmachen.

1 Andreas Vilcinskas, Kilian Stoecker, Henrike Schmidtberg, Christian R. Röhrich und Heiko Vogel: »Invasive Harlequin Ladybird Carries Biological Weapons Against Native Competitors«. Science, 17. Mai 1913, Vol. 340, Issue 5134, Seite 852-853. http://science.sciencemag.org/content/340/6134/862.

▲ Ein besonders schön gefärbter Harlekin-Marienkäfer *Harmonia axyridis.*

HARLEKIN-MARIENKÄFER
Harmonia axyridis

Merkmale
Länge: sechs bis acht Millimeter, Körper annähernd halbkugelig.
Färbung: extrem variabel, von hellgelb bis dunkelrot, von punktfrei bis zu 22 Punkten kommt jede Färbung vor. Larven schwarz- bis blaugrau, Larvenkörper mit Borsten besetzt.
Vorkommen
Ursprünglich nur in China, Japan, Korea, der Mongolei und im südlichen Russland verbreitet, im Rahmen der biologischen Schädlingsbekämpfung heute auch in weiten Teilen Afrikas, Europas, Nord- und Südamerikas zu Hause.
Lebensweise
Ernährt sich von Blattläusen, anderen weichschaligen Insekten sowie Insekteneiern und -larven. Entwicklung vom Ei zum fertigen Käfer: unter idealen Bedingungen etwas mehr als drei Wochen. Überwinterung in geschützten Winkeln, gerne auch in Häusern. Bei Bedrohung sondern die Käfer gelbe, bitter schmeckende Hämolymphe ab.

SCHWIMMKÄFER *Dytiscidae*

Zu Wasser, zu Land und in der Luft

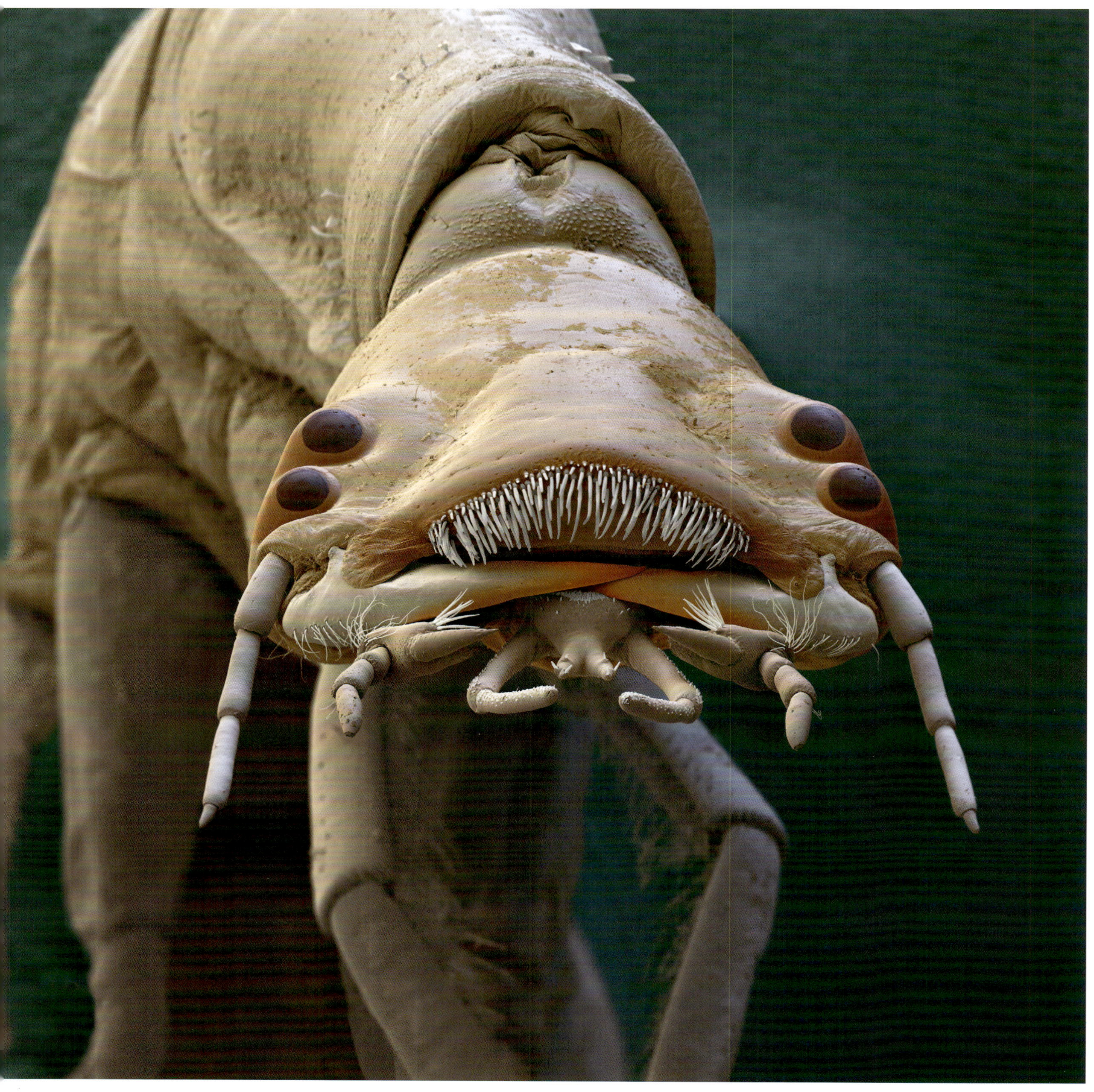

▲ Schwimmkäferlarven können mit mehreren Augen nach Beute Ausschau halten.

▲ Schwimmkäfer sind die perfekten Unterwasserjäger. Über 150 Arten gibt es in Mitteleuropa.

Schwimmkäfer können (fast) alles: Sie schwimmen meisterhaft, sind gute Flieger und kommen auch an Land leidlich voran. Ihr eigentliches Element aber ist das Wasser. Hier leben sie, und hier gehen sie auf die Jagd. Eine gewisse Bewunderung ist nicht zu überhören, wenn der Gelbrandkäfer, der bekannteste Schwimmkäfer, auch schon mal »Hai der Gartenteiche« genannt wird.

Die Käfer und mehr noch ihre Larven sind Hochleistungsjäger. Wie die Larven vieler holometaboler Insekten haben sie mehrere Punktaugen – Schwimmkäferlarven tragen in der Regel sogar sechs Paar.

Mit solchen Punktaugen können Insekten in der Regel nur Hell-Dunkel-Unterschiede und grobe Umrisse wahrnehmen. Bei Schwimmkäferlarven aber geht die Leistungsfähigkeit der Punktaugen weit darüber hinaus. Je nach Art können sie polarisiertes Licht, UV-Licht und Entfernungen wahrnehmen; ihre Punktaugen sind perfekte Detektoren beim Beutefang.

Apropos Beute: Auch Wassertiere, die deutlich größer sind als die Käferlarven selbst, werden mühelos überwältigt. Wie die Schwimmkäferlarven das schaffen, wird nachvollziehbar, wenn man einen Blick auf ihre Jagdwaffen wirft: Sie töten per Injektionsspritze. Sie packen ihre Beute mit den zangenartigen Kiefern und spritzen ihnen ein starkes Verdauungssekret in den Leib. Nur wenige Sekunden zappelt das Opfer im Griff der nadelspitzen Dolche, dann erlahmen die Abwehrbewegungen, das Innere des Opfers löst sich auf. Während die Käferlarve ihre Beute – eine Libellenlarve oder Kaulquappe, einen Molch oder Jungfisch – weiter zwischen ihren Zangen hält, fällt das Opfer zu einem leeren Sack in sich zusammen. Die Käferlarve hat das verflüssigte Innere als Nährsüppchen aufgesaugt, so wie unsereins Limonade durch den Strohhalm trinken würde.

Auch die erwachsenen Käfer können fast immer fressen. Im Frühjahr allerdings geht es ihnen weniger um Beute als um Paarung. Die Männchen haben nun nichts anderes im Sinn als die Suche nach Weibchen. Haben sie eines ausfindig gemacht, kommen sie ohne Balz und Werbung unverzüglich zur Sache. Mit ihren stark verbreiterten, eigenartig geformten Vorderbeinen heften sie sich an den glatten Brustschild des Weibchens wie ein Saugnapf an die Badezimmerfliese, während sie sich gleichzeitig mit den mittleren Beinen an ihren seitlichen Flügelkanten festkrallen. Stundenlang lassen sie sich so huckepack vom Weibchen herumschleppen. Die Paarung selbst ist zwar schnell »erledigt«, aber nur wenn sie die Partnerin anschließend lange genug bewachen, können sie ihren Spermien einen Wettbewerbsvorteil gegenüber dem Sperma der anderen Paarungspartner sichern.

▲ Die Larve des Gelbrandkäfers *Dytiscus marginalis* ist so wendig, dass sie sogar Stichlinge erbeutet.

Nach der Paarung ritzen *Dytiscus*-Weibchen mit ihrem messerscharfen Legestachel die Stängel von Wasserpflanzen an und drücken eines nach dem anderen die Eier in die Schnittwunde. Würden die Käferinnen es dabei belassen, ginge es mit der Brut nicht gut aus; sie würde ausgespült oder womöglich von Fressfeinden gefunden und verzehrt werden. Doch das verhindert ein Käfersekret, das wie ein Pflanzen-Wundverschluss wirkt.

Dieses Sekret ist nicht die einzige chemische Eigenproduktion. An der Käfervorderbrust befinden sich Ausleitungen für Drüsensekrete mit sehr anspruchsvoller chemischer Struktur: Steroide, Alkaloide, Sesquiterpene – ein Cocktail, der bestens geeignet ist, zum Beispiel Fischen den Appetit zu vergällen. Am Hinterleib kann der Käfer durch die Pygidialdrüsen noch andere Abwehrsekrete ausstoßen, darunter Benzoesäure. Der Mix hilft nicht nur gegen größere Feinde, sondern auch gegen sehr kleine. Die Schwimmkäfer können sich gegen Pilze, Bakterien und anhaftende Kleinstpflanzen desinfizieren.

Dass Gelbrandkäfer sehr gute Schwimmer sind, ist offensichtlich. Die Körperform ist strömungsgünstig und glatt, der Antrieb ist hocheffektiv ans Heck verlegt, die Hinterbeine sind zu flachen Ruderblättern verbreitert. Beim Durchziehen stellen sie sich quer und sorgen für maximalen Antrieb, beim Rückholen sind sie so gedreht, dass sie mit angelegten Borstenhaaren fast widerstandslos durchs Wasser gleiten – Rudern in Vollendung.

Dass die Käfer darüber hinaus auch noch passable Flieger sind, ist weniger bekannt. Ihre Flugtauglichkeit reicht allemal, um – vorzugsweise in hellen Nächten – auf dem Luftweg den Teich zu wechseln. Reflektiertes Mondlicht gibt ihnen die Landesignale. Manchmal werden die Signale aber auch nicht richtig gelesen, und manch Gartenfreund hat sich schon beim morgendlichen Gartenrundgang gefragt, wie große Schwimmkäfer in Mengen auf seine Sonnenpaneele und sein Glasdach kommen.

Apropos Mengen: In Mitteleuropa gibt es 152 Schwimmkäferarten, darunter solche, deren Bestände gesichert erscheinen, und andere, die Richtung Rote Liste der existenzbedrohten Arten driften. Das sind, wen wundert's, die Besiedler bedrohter Lebensräume. Einer der Gefährdeten, der gut drei Zentimeter große Gaukler *Cybister lateralimarginalis*, hat besonders schlechte Überlebenschancen. Er braucht sauberes, stehendes Gewässer, eine Seltenheit in unserer überdüngten Landschaft. Auch Arten, die mooriges Wasser besiedeln, haben Existenzprobleme; Moorteiche im eigentlichen Sinne gibt es nur noch selten, man findet sie meist nur noch als Landschaftsrelikte.

Dass der Gelbrandkäfer, einer der bekanntesten Schwimmkäfer, an den Rand gedrängt wird, steht wohl nicht zu befürchten. Und vielleicht wird er ja auch Nutznießer der EU-Düngeverordnungen – sofern sie endlich greifen. Sie sollen unter anderem bewirken, dass weniger Kunstdünger und Gülle (flüssiger Tierkot) in die Lebensräume wassergebundener Arten abschwemmen.

▲ Ein erwachsener Schwimmkäfer der Art *Acilius sulcatus*: Die borstenbesetzten Ruderbeine sind deutlich zu erkennen.

SCHWIMMKÄFER

Dytiscidae

Merkmale
Körpergröße: je nach Art zwei bis 40 Millimeter. Abgeflachter, hydrodynamisch geformter Körper, hinterstes Beinpaar zu einer Art Ruder verbreitert.
Färbung: meist schwarz oder braun.

Vorkommen
Schwimmkäfer sind weltweit verbreitet.
Die verschiedenen Arten haben sich an Bäche, Seen, nährstoffreiche Tümpel, aber auch an Moorweiher und sogar an Grund- und Brackwasser angepasst.

Lebensweise
Gute Schwimmer und Flieger. Alle Arten leben räuberisch, sowohl als Larven wie als erwachsene Insekten. Erwachsene Käfer »kauen« ihre Beute, Larven lösen deren Inneres mittel injiziertem Verdauungssekret auf. Larvenentwicklung im Wasser, Verpuppung bei den meisten Arten in der Erde. Puppenruhe: zwei bis fünf Wochen. Lebenserwartung: bei manchen Schwimmkäferarten mehrere Jahre.

▲ Die Gebänderte Prachtlibelle *Calopteryx splendens* lebt an fließenden Gewässern und fällt durch ihr metallisches Schillern auf.

▲ Larve einer Binsenjungfer *Lestidae spec.*

Wenn Lebewesen etwas Rekordverdächtiges tun – etwa dort leben, wo es fast kochend heiß ist, atemberaubend schnell sprinten, als Lungenatmer in Tiefen tauchen, in denen der Druck eigentlich unerträglich ist –, dann handelt es sich dabei meist um praktische Antworten auf eine Existenzfrage: »Hilft es beim Überleben?«

Was zum Beispiel bringt es, so gedankenschnell vorwärts, seitwärts, rückwärts zucken zu können, wie es nur die Libellen, die Drachenfliegen (engl. Dragonflies), hinbekommen? Dank ihrer rasanten Flugmanöver können sie sich Futterreserven erschließen, die normalerweise für jagende Insekten im Luftraum unerreichbar sind: schnell fliegende Bienen, Wespen, Mücken … und andere Libellen! Das gelingt nur, wenn man mindestens genauso schnell fliegen kann wie die Beute und in puncto Wendigkeit überlegen ist. Sprintweltmeister eben!

Die meisten Naturinteressierten wissen das, so ungefähr. Dass aber wenigstens eine Libellenart auch auf der Langstrecke Spitze ist und womöglich die bis dato anerkannten Champions, den Distel- und den Monarchfalter, auf die hinteren Plätze verweist, ist vergleichsweise unbekannt.

Die Wanderlibelle *Pantala flavescens* legt auf ihren saisonalen Wanderungen bis zu 7000 Kilometer zurück und überwindet dabei sogar den Pazifik. Beglaubigt wurde dieser schier unglaubliche Rekord von einer amerikanischen Wissenschaftlerin.[1] Sie fand heraus, dass die *Pantala*-Populationen in Asien und Nordamerika überraschenderweise genetisch weitgehend übereinstimmen. Würden japanische Wanderlibellen sich nur mit ihren vor Ort lebenden Artgenossen paaren und Wanderlibellen in den USA ebenso, dann müssten sich genetische Unterschiede beiderseits des Pazifiks entwickeln. Aber genau die waren nicht festzustellen.

Dafür kann es eigentlich nur eine Erklärung geben: Die Populationen in Japan und in Nordamerika müssen sich regelmäßig »austauschen«. Und das wiederum ist nur möglich, wenn zumindest einzelne Tiere beider Populationen den Pazifischen Ozean überqueren.

Nicht ganz so sensationell wie der *Pantala*-Weltrekord sind – weil prinzipiell schon länger bekannt – die Sprintleistungen von Libellen; sie sind die Jagd- und Kunstflieger unter den Insekten. Es kann einem leicht schwindelig werden, wenn man ihnen zusieht, wie sie im Fliegen urplötzlich die Richtung wechseln, dann wieder anhalten und wie Hubschrauber in der Luft stehen. Manche Arten beherrschen sogar den Rückwärtsflug, und einige können sich bei starkem Gegenwind fast ohne Flügelschlag in der Luft halten wie segelnde Greif- oder Fregattvögel.

Für Raumbeherrschung auf so hohem Niveau braucht es gutes Equipment. So können Libellen zum Beispiel ihr Flugtempo messen. Die kurzen Borstenfühler vorne am Kopf funktionieren wie ein Tacho, winzige Härchen an den Flügelvorderkanten registrieren feinste Luftströmungen und lösen daraufhin blitzschnelle Änderungen der Flügelstellung aus. Böen werden beispielsweise im Flug so perfekt ausmanövriert, dass selbst das Zeitlupenauge keine Abdrift erkennt.

Und all das geschieht leise. Bienen, Käfer und sogar Mücken hört man fliegen, Libellen dagegen (fast) nicht. Nur bei den rasantesten Wendemanövern vernehmen unsere Ohren ein leises Knistern oder Rascheln. Das liegt vor allem daran, dass Libellen nicht einmal für die anspruchsvollste Flugakrobatik hochfrequent mit den Flügeln schlagen. Sie kommen normalerweise auf höchstens 30 Schläge pro Sekunde. Zum Vergleich: Mücken schlagen etwa 950-mal pro Sekunde mit den Flügeln, Honigbienen 250-mal, Maikäfer immerhin noch 46-mal. In der Regel gilt: Je schneller Insekten die Flügel schwirren lassen, desto höher klingt ihr Summen in unseren Ohren.

Statt auf atemberaubende Flügelschlagzahlen setzen Libellen auf perfektes Aussteuern. Anders als bei den meisten Insekten setzen die Flugmuskeln bei ihnen direkt an den Flügeln an. Das lässt zwar keine hohen Schlagzahlen zu, ermöglicht es aber, den Anstellwinkel der Flügel je nach Bedarf stufenlos zu ändern und anzupassen – Hauptvoraussetzung für ihre frappierende Wendigkeit.

Was insbesondere Bioniker interessiert (Bionik ist die Wissenschaft, die sich von Baumustern der Natur Anregungen für technische Lösungen holt): Wie hält ein so filigranes Etwas wie ein Libellenflügel die Luftströmungen aus, die in Richtung und Stärke ständig wechseln?

Eine Teilantwort liefert der Flügelaufbau. Ein Libellenflügel ist nicht einfach eine durch Adern versteifte Fläche. Im Querschnitt zeigt sich vielmehr ein Zickzackprofil: Längs- und Queradern bilden viele Einzelflächen, die winkelig

1 Die genetischen Profile der beiden Libellenpopulationen wurden erforscht von Jessica Ware und Daniel Troast von der Rutgers University in Newark. Siehe https://www.newark.rutgers.edu/news/small-dragonfly-found-be-worlds-longest-distance-flyer.

▲ Die Große Königslibelle *Anax imperator* ist aus ihrer Larvenhülle geschlüpft, die Chitinhülle und die Flügel müssen noch aushärten.

aneinanderstoßen und von einer hauchdünnen, zweilagigen Flügelhaut überspannt sind. In seiner Gesamtheit bildet so ein Flügel ein weit stabileres Ganzes, als es eine glatte Fläche sein kann. Durch einige der haardünnen Streben laufen Nervenbahnen. Warum? Weil die Antriebsaggregate zugleich Luftdruck-Messflächen sind.

Aber wie so oft in der jüngeren Forschungsgeschichte brachte erst der Blick in die Welt der Winzigkeiten großen Erkenntnisgewinn. Ein Wissenschaftlerteam[2] untersuchte Flügel der Libellenart *Diplacodes bipunctata* unter stärkster Vergrößerung und entdeckte, dass sich Bakterien auf der Flügeloberfläche nicht halten können. Die naheliegende Vermutung, dass Libellenflügel antibakterielle Substanzen enthalten, erwies sich als falsch.

Als man sich die Vorderflügel der Libelle extrem vergrößert ansah, entdeckte man einen ganzen Wald von spitzen Nadeln mit unfassbar kleinen Abmessungen; etwa 100 000 dieser Nadeln sind gerade mal so dick wie ein menschliches Haar. Mit seinen raffinierten Nanostrukturen (ein Nanometer ist ein Millionstel Millimeter) gleicht der Libellenflügel dem dicht gespickten Nagelbrett eines Fakirs.

Im Labor stellte man fest, dass mehrere Bakterienarten durch den direkten Kontakt mit diesen Nadeln abgetötet werden: Die Sekretschicht auf der Zelloberfläche der Bakterien, die sie eigentlich schützen soll, sorgt dafür, dass die Bakterien auf dem Wald aus Nadeln haften bleiben wie Fliegen auf dem Fliegenfänger. Bewegen sie sich weiter, zerreißen ihre Membranen, und die Bakterien sterben den raschen Zelltod. Die Forscher zählten mithilfe des Computers unter dem Mikroskop die erstaunliche Zahl von 450 000 vernichteten Bakterien pro Quadratzentimeter innerhalb einer Minute!

Aus speziell behandeltem Silizium lässt sich diese Feinststruktur des Libellenflügels nachbilden. Wenn es gelänge, beispielsweise medizinisches Gerät oder Endoprothesen damit zu beschichten, hätte man endlich ein Mittel gegen den Vormarsch multiresistenter Keime in Krankenhäusern gefunden.

Womöglich werden Detailuntersuchungen des Libellenauges vergleichbare Dimensionen öffnen. Für Libellen jedenfalls ist der Nutzen ihrer Superoptik schon seit Jahrmillionen evident. Um fliegende Insekten zu erkennen, brauchen sie Spezialdetektoren. Libellen haben zu diesem Zweck große, fein auflösende, halbkugelförmige Komplexaugen, je nach Libellenart mit bis zu 30 000 Einzelaugen. Zwischen diesen »Ballonaugen« sitzen noch drei Punktaugen für Hell-Dunkel-Unterscheidung, die wohl auch bei der Orientierung im Raum eine Rolle spielen.

Libellen haben vermutlich den besten Sehsinn aller Insekten; ihrem 360-Grad-Rundblick entgeht kein Flugobjekt. Mit einer Erfassungs- und Verarbeitungsgeschwindigkeit von 200 Bildern pro Sekunde im Libellendurchschnitt (zum Vergleich: die Bildfrequenz bei Kinofilmen liegt etwa bei 24 Bildern pro Sekunde) sehen die Luftjäger noch Flugobjekte scharf, die fürs menschliche Auge gerade mal als Wischer auszumachen sind.

Hatte man den Jagderfolg der Libellen früher ausschließlich ihrer überragenden Flugtechnik zugeschrieben, weiß man seit einigen Jahren, dass das Libellenhirn daran nicht unerheblich beteiligt ist. Eine Libelle im Jagdanflug macht das, was geübte Schützen, die auf flüchtiges Wild zielen, »vorhalten« nennen. Die Libelle »verrechnet« Richtung und Geschwindigkeit der Beute mit den eigenen Werten, ermittelt den Schnittpunkt beider Linien und trifft so ihre fliegende Beute genau.

Fliegen, so perfekt und artistisch es auch anmutet, ist Mittel zum Zweck. Die Meisterflieger sind vor allem Jäger. Biene oder Käfer, Schnake oder Fliege werden mit den bedornten Beinen gefangen, die zu einer Art Kescher geformt werden. In diesem sogenannten Fangkorb sitzt das Opfer unentrinnbar fest wie in einem Käfig. Kleinlibellen *Zygoptera* landen meist mit der festgeklammerten Beute und fressen im Sitzen. Großlibellen *Anisoptera* aber verleiben sich ihre Opfer gerne im Flug ein.

Fang ist bei Libellen nicht nur Nahrungserwerb, er ist auch Mittel der Vermehrung. Libellenmännchen packen

2 Elena Ivanova von der Swinburne University of Technology in Melbourne, Australien, und ihr Team forschen an den Mikrostrukturen von Libellenflügeln und ihrer antibakteriellen Wirkung. Siehe http://www.swinburne.edu.au/news/latest-news/2016/06/antibacterial-solutions-inspired-by-nature.php.

Weibchen mit einer Art Zange, die am Hinterleibende sitzt, direkt hinter dem Kopf. Das Weibchen biegt nun sein Hinterteil nach vorne zwischen seinen Beinen durch, bis es mit seinem Hinterleibende eine Stelle hinter der Brust des Männchens berührt.

Insektenkundler nennen diese akrobatische Stellung Paarungsrad. Der Zweck der Übung: Das Libellenmännchen hat zuvor in eine Tasche an der bewussten Stelle hinter der Brust einen Spermavorrat eingefüllt. Das Weibchen holt sich mit der Hinterleibsspitze eine Portion Sperma dort ab, während das Männchen es weiter im Klammergriff hinter dem Kopf festhält.

Manche Libellenarten fliegen noch im Tandem auf Laichgewässersuche, bei anderen Arten macht sich das Weibchen allein auf den Weg. Einige Libellenweibchen stechen mit dem Legestachel am Hinterleibsende Löcher in Pflanzenstängel und deponieren jedes Ei einzeln, andere lassen ihre Eier einfach im Überflug ins Wasser fallen. Bei einigen Arten gehen die Weibchen sogar auf Tauchstation, um ihre Eier in den Bodenschlamm zu legen.

Was unter Wasser aus solchen Eiern kriecht, ist jagdtechnisch genauso raffiniert wie die spätere Libelle in der Luft. Wenn eine Libellenlarve etwas erspäht hat, was in ihr Beutespektrum passt, zum Beispiel eine Kaulquappe oder eine Mückenlarve, nähert sie sich langsam, so langsam wie ein dahintreibender Halm. Das Opfer ist nicht beunruhigt, denn die langsame Bewegung signalisiert keine Gefahr. Erst das letzte Stückchen Wegs zur Beute wird rasant bewältigt: Die Libellenlarve flitzt nicht – wie man vermuten würde – auf die Beute zu. Sie kann es schneller. Sie lässt etwas Zangenartiges vorschnalzen, das ihr Opfer packt. Libellenlarven jagen mit einer sogenannten Fangmaske, einer merkwürdig geformten, zur Zange umgewandelten Unterlippe, die normalerweise unter dem Kinn eingeklappt herumgetragen wird. Wenn Beute in Sicht kommt, schnellt diese Apparatur blitzschnell nach vorn. Ein genialer Entwicklungsschritt: Nicht die Larve selbst muss schnell sein, es genügt vollauf, wenn sie eine schnelle Fangmaske hat. Die besten Jäger unter den Libellenlarven ergattern auf diese Weise bis zu 130 Mückenlarven an einem Tag.

Doch auch für Libellenlarven selbst gibt es Situationen, in denen es verdammt schnell gehen muss, zum Beispiel, wenn ein hungriger Fisch sie entdeckt hat. Kleinlibellen schlängeln sich, sofern sie die Gefahr rechtzeitig erkennen, wie ein kleiner Fisch davon. Die trägen Larven der Großlibellen aber schalten auf Unterwasser-Düsenantrieb um: Sie saugen Wasser in ihren Enddarm ein und stoßen es ruckartig wieder aus. Der Wasserstrahl schießt sie vorwärts und – wenn's gut geht – aus dem Gefahrenbereich heraus.

Manchmal benehmen sich erwachsene Libellen rätselhaft. Mit steil aufgerichtetem Hinterleib klammern sie sich an ihren Sitzplatz, als wollten sie Handstand üben. Doch wenn man Lufttemperatur und Sonneneinstrahlung berücksichtigt, wird der Zweck dieser Sitzhaltung klar: Wenn die Libelle ihren Hinterleib wie einen Zeiger genau auf die Sonne richtet, ist nur ein Minimum ihrer Körperoberfläche den Sonnenstrahlen ausgesetzt, und das Insekt bleibt vor Überhitzung geschützt. Wenn die Sonne im Zenit steht, erinnert das aufragende, lang gestreckte Libellenhinterteil an die Miniatur eines Obelisken. Und Obelisk-Stellung wird diese Haltung dann auch genannt. Sicherlich wäre es einfacher, wenn die Libellen nur einen Schattenplatz aufsuchen würden, sobald es in der Sonne zu heiß wird; doch es gibt triftige Gründe für sie, in der Sonne durchzuhalten. Dank dem Obelisk-Trick können die Lauerjäger auch in der Mittagshitze an den erfolgversprechendsten Ansitzplätzen auf Beute warten, ohne dabei zu überhitzen.

▲ Große Pechlibelle *Ischnura elegans* im Paarungsrad. Das blaue Männchen hat sein Weibchen fest im Griff.

Auch der gegenteilige Effekt lässt sich erzielen: Wärmenutzung. Einige Libellenarten können sich, um bei tief stehender Sonne noch genug Wärme auf ihren ruhenden Körper zu lenken, sitzend so positionieren, dass sie mit ihren Flügeln die Strahlen auf den eigenen Körper und besonders auf die Flugmuskulatur lenken. Libellenexperten reden sogar vom »Mini-Treibhauseffekt«, den Libellen erzeugen können, indem sie mit den lichtdurchlässigen Flügeln ein Dach über ihrem Thorax bilden.

ADONISJUNGFER *Pyrrhosoma nymphula*

Die mit dem Götternamen

▲ Die Larve der Adonislibelle mit eingeklappter Fangmaske.

▲ Die farbenprächtige erwachsene Adonislibelle.

Der Name Adonislibelle oder Adonisjungfer ist eine Art poetische Girlande. Eine bestimmte Blume soll in der antiken Sagenwelt aus den Tränen der Aphrodite erblüht sein, als die Göttin den Tod des Adonis beweinte …

▲ Ein spätes Larvenstadium der Adonisjungfer. Auffällig sind die drei breiten Kiemenblätter.

▲ Die Facettenaugen sind bei der Larve schon gut ausgebildet.

Diese blutrot blühende Blume muss *Adonis aestivalis*, *Adonis annua* oder *Adonis flammea* gewesen sein (es gibt auch gelb blühende Arten). Und weil der Rotton dem der besagten Kleinlibelle stark ähnelt, färbte der Name auf das Fluginsekt ab …

Die Frühe Adonislibelle *Pyrrhosoma nymphula*, mit nur zwei bis drei Zentimeter Körperlänge eine kleine unter den Libellen, gibt den Anfängern beim Libellen-Bestimmen eine gute, nämlich 50-prozentige Chance: Neben der Scharlachlibelle ist sie die einzige Kleinlibelle, die auffällig rot gewandet ist.

Allerdings trägt die Frühe Adonislibelle schwarze Beine zum roten Körper, die Scharlachlibelle dagegen hat rote Beine. Den Beinamen »früh« bekam die Adonislibelle verpasst, weil sie verhältnismäßig zeitig, oft schon im April, fliegt. Ungewöhnlich früh, nämlich im August, verschwindet sie dann auch wieder.

Trotz der Plakatfarbe werden Adonislibellen leicht übersehen, denn sie sitzen am liebsten gut versteckt auf Blättern. Während Großlibellen auf ihren Suchflügen nach Beute sofort ins Auge fallen, warten Kleinlibellen lieber an vielversprechenden Ansitzplätzen und starten erst, wenn ein Insekt in der passenden Größe angeschwirrt kommt.

Kleinlibellen und Großlibellen haben noch weitere eindeutige Unterscheidungsmerkmale. Bei Großlibellen stoßen die riesigen Augen in der Mitte des Kopfes aneinander, bei Kleinlibellen sitzen die Augen seitlich am Kopf und erinnern damit ein wenig an E.T., den Oscar-preisgekrönten Außerirdischen. Großlibellenlarven haben entfernte Ähnlichkeit mit Spinnen und laufen eher schwerfällig über den Bodenschlamm; Kleinlibellenlarven dagegen sind schlank, haben drei federartige Kiemenanhänge am Hinterleibende und schlängeln sich fischartig elegant durchs Wasser. Und schließlich: Großlibellen breiten im Sitzen die Flügel seitlich aus, Kleinlibellen klappen sie über dem Rücken zusammen.

Anders als bei vielen Libellenarten kann man bei der Frühen Adonislibelle Männchen und Weibchen voneinander unterscheiden. Zumindest auf den zweiten Blick. Während beim Weibchen ein schwarzer Strich schon beim ersten Hinterleibsegment beginnt, findet er sich bei Männchen erst ab dem siebten.

Adonislibellen legen ihre Eier in die Stängel von Wasserpflanzen. Dazu verschwinden sie schon mal ganz unter Wasser. Das Männchen bleibt bei dieser Prozedur entweder fest angedockt auf dem Weibchen sitzen oder hockt in der Nähe.

Am liebsten laicht man in Adoniskreisen übrigens gemeinsam ab. Die laichenden Weibchen sind gerade in diesem Augenblick in höchster Gefahr – allzu leicht fallen sie bei der Eiablage Fröschen zum Opfer. Ob wohl das gesellige Ablaichen die Überlebenschancen für alle Teilnehmer erhöht? Viele Augen sehen bekanntlich mehr. Wenn einer aus dem Fortpflanzungstrupp einen Feind kommen sieht, würde er durch seine Flucht vielleicht die anderen alarmieren. Denkbar wäre das.

Aber wären die Männchen nicht noch besser dran, wenn sie sich im gefährlichen Moment der Eiablage gänzlich zurückziehen und in Sicherheit bringen würden? Selbst wenn es so wäre, überwiegt für sie etwas anderes: Würde sich das Männchen davonmachen, könnte das Weibchen womöglich von der Konkurrenz nachbefruchtet werden, und dann wäre der ganze Einsatz vergebens gewesen – so jedenfalls vermuten Entomologen.

Die Frühe Adonislibelle gehört erfreulicherweise zu den häufigen Libellen – noch! Obwohl die kleine Rote nicht sonderlich anspruchsvoll in der Wahl ihrer Laichgewässer ist, obwohl sie weder auf besonders klarem noch auf besonders sauerstoffreichem Wasser besteht und gerne auch in nährstoffreichen, zugewucherten Kleinstweihern laicht, sind ihre Zahlen in den letzten Jahren deutlich zurückgegangen. Zutiefst beunruhigend, wenn selbst Generalisten wie sie auf dem Rückzug sind!

▲ Besonders auffällig ist die bunte Gesichtszeichnung.

▲ Die Frühe Adonisjungfer ist die erste Libelle, die im Frühjahr das Wasser verlässt.

ADONISJUNGFER

Pyrrhosoma nymphula

Merkmale
Gehört zur Familie der Schlanklibellen aus der Unterordnung der Kleinlibellen.
Körperlänge: 33 bis 36 Millimeter.
Flügelspannweite: fünf bis sieben Zentimeter.

Vorkommen
Weit verbreitet in Europa und dem südlichen Skandinavien. Besiedelt gerne nährstoffreiche Weiher, aber auch Moortümpel oder langsam fließende Bäche mit dichtem Uferbewuchs.
Besonders häufig in Parks und an Gartenteichen zu sehen.

Lebensweise
Flugzeit: April bis August.
Die Tiere sind Ansitzjäger; sie lauern zwischen Gräsern oder Blättern und fangen ihre Beute nach einem kurzen Sprint.
Ein Weibchen legt durchschnittlich 350 Eier – einzeln injiziert in Pflanzengewebe. Die Larven häuten sich während ihrer Entwicklung zwölfmal.
Entwicklungszeit: zwei Jahre. Fertig entwickelte Larven steigen an einem Halm nach oben, wo sie als fertige Libellen aus der Larvenhülle steigen.
Lebenserwartung der Adonismännchen: bis zu 75 Tage, Lebenserwartung der Weibchen: bis zu 45 Tage.

▲ Hornissen am Einflugloch zu ihrem Nest. Die großen Wespen sind zwar nicht aggressiv, aber am Nest sollte man sie in Ruhe lassen.

▲ Die Rotschopfige Sandbiene *Andrena haemorrhoa* lebt, wie die meisten Wildbienen, ohne Staat und kümmert sich allein um ihre Brut.

Warum um alles in der (Tier-)Welt hat der große schwedische Naturforscher Carl von Linné eine Insektenordnung Hymenoptera, also Hautflügler, genannt, als er vor über 300 Jahren allen damals bekannten Tier- und Pflanzenarten ihre Namen gab? Bienen, Wespen und ihre Verwandtschaft schwirren zwar tatsächlich auf »Hautflügeln« durch ihr Erwachsenenleben, aber das tun auch Käfer, Libellen, Florfliegen und andere Insekten – allesamt keine Hymenoptera.

Die häutigen Flügel sind also kein »Alleinstellungsmerkmal«. Etwas Exklusives ist da schon eher der »Klettverschluss«, der bei Hautflüglern im Flug das vordere und das hintere Flügelpaar miteinander verbindet. Diese Kopplung der beiden Flügelpaare sorgt dafür, dass sie sich synchron bewegen.

Bekannt, ja geradezu berühmt wurden Hautflügler aber wegen einer ganz anderen Erfindung: Von den Termiten mal abgesehen, haben sich nur in dieser Insektenordnung Staaten entwickelt. Ihre Mitglieder verständigen sich höchst raffiniert per Duft- und Körpersprache. Das bekannteste Beispiel sind die Völker der Honigbiene.

Bienenvölker sind – fast – reine Frauengesellschaften: Tausende Arbeiterinnen kümmern sich um beinahe alles. Sie bauen Waben aus Wachs, das sie aus speziellen Wachsdrüsen ausschwitzen; sie halten die Larven sauber und füttern sie; sie hegen und pflegen die Königin, fliegen auf Nektarsuche und verwandeln den dünnflüssigen Nektar in einem langwierigen Prozess in Honig, der in Wachszellen für schlechte Zeiten gespeichert wird. Und sie verteidigen unter Einsatz ihres Lebens den Staat gegen Eindringlinge. Nur eine einzige Aufgabe bleibt der Bienenkönigin, nach Befruchtung durch männliche Bienen (Drohnen), vorbehalten: das Eierlegen. Bis zu 2000 Eier presst sie sich Tag für Tag aus dem Leib.

Hummeln – die nichts anderes sind als eine besonders pelzige Bienengattung – leben ganz ähnlich: Auch sie gründen Staaten, auch bei ihnen erledigen in der Regel die Arbeiterinnen alle anfallenden Arbeiten. Allerdings ist der Hummelstaat nicht annähernd so langlebig wie eine Bienenkolonie. Während bei Bienen das ganze Volk überwintert, überleben bei Hummeln nur die begatteten Jungköniginnen den Winter; bei der Staatsgründung im Frühjahr sind sie zunächst auf sich gestellt. Die erste Generation Arbeiterinnen muss die junge Königin selbst aufziehen. Wenn die ersten Arbeiterinnen geschlüpft sind, überlässt ihnen die Königin alles Weitere und legt nur noch Eier.

Auf den ersten Blick würde man Ameisen nicht für Hautflügler halten, doch zeitweise tragen auch Ameisenmännchen und die jungen Königinnen zwei Flügelpaare und sind flugfähig – zumindest für die Dauer eines Hochzeitsfluges. In einem Punkt übertreffen sie die anderen Hautflüglergruppen bei Weitem: Ameisenköniginnen können extrem langlebig sein. Königinnen der Schwarzen Wegameise sind nachweislich 29 Jahre alt geworden.

Wie alle Staaten bildenden Hautflügler beherrschen auch Ameisen die Kunst der Temperatursteuerung. Waldameisen beispielsweise nutzen ihre Nestkuppeln als Wärmefänger. An schattigen Standorten bauen sie hohe Kuppeln, an stark besonnten Stellen halten sie ihre Nester flach und breiten sich lieber in den Boden aus. Moderndes Pflanzenmaterial sorgt zusätzlich für Wärme, die intelligent genutzt wird: Die Arbeiterinnen schleppen die besonders empfindlichen Larven und Puppen immer dorthin, wo die Binnentemperatur für ihre Entwicklung gerade optimal ist. Außerdem können Ameisen ebenso wie Wespen, Hummeln und Bienen ihre Nester per Muskelzittern mit Stoffwechselwärme aufheizen.

Auch die große Familie der Schlupfwespen gehört zu den Hautflüglern. Unter ihresgleichen hat sich allerdings keine Form von Insektenstaaten entwickelt. Schlupfwespen gehen allein auf die Jagd, impfen verschiedenste Insekten mit ihren Eiern und lassen ihre Larven als versteckte Untermieter im fremden Körper heranwachsen.

▲ Die Schwarze Rossameise *Camponotus herculeanus* ist bereit für den Hochzeitsflug. Nach der Paarung wird sie die Flügel abwerfen und sich den Rest ihres Lebens zu Fuß fortbewegen.

HORNISSE *Vespa crabro*

Groß, schön, friedlich

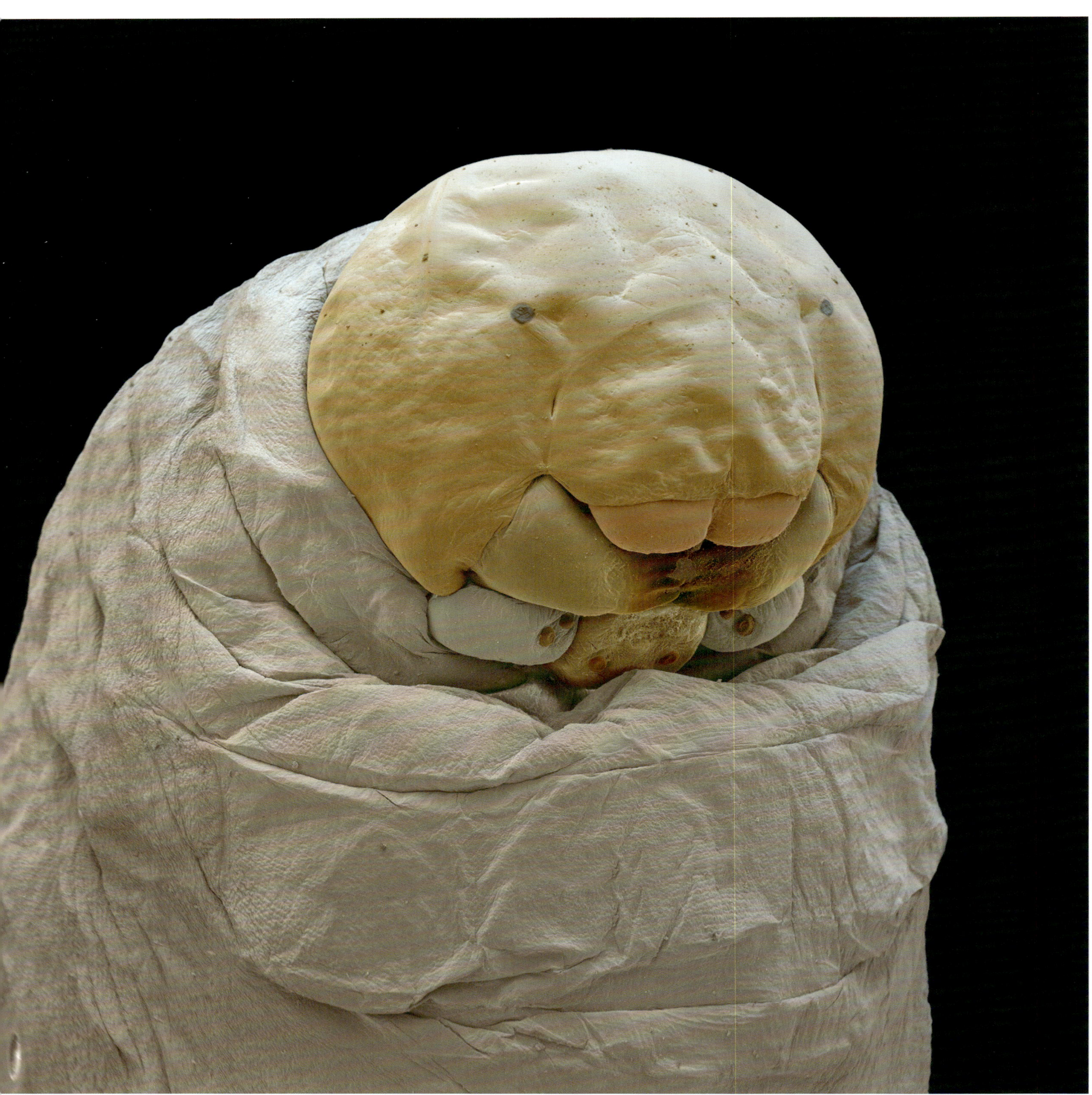

▲ Hornissen sind nur als Larven Fleischfresser.

▲ Eindrucksvoll und streng geschützt: die Hornisse.

Lange plapperte der Volksmund, dass drei Stiche einer Hornisse einen Menschen töten und sieben ein Pferd. Beides ist Unsinn. Der Mensch kann, sofern er allergiefrei ist und auch nur einigermaßen gesund, hundert oder gar Hunderte von Hornissenstichen überleben.

Heute weiß man auch, dass ein Hornissenstich weniger giftig ist als der einer Wespe, eine von den üblichen Verdächtigen, die im Hoch- und Spätsommer um Eis mit Sahne und um Pflaumenkuchen kreisen. Außerdem sind Hornissen weit weniger aggressiv als Wespen, und sie pumpen pro Stich nur einen Bruchteil ihres Giftblaseninhalts in ihr Opfer. Der Grund für solch sparsamen Einsatz: Hornissen brauchen ihre Giftwaffe unter anderem für die Jagd und können sich einen leeren Gifttank gar nicht leisten.

Allerdings ist der Stich einer Hornisse deutlich schmerzhafter als beispielsweise der einer Biene: Hornissenstachel sind länger, dringen also tiefer ein. Außerdem enthält Hornissengift zwar weniger toxische, dafür aber mehr schmerzerzeugende Komponenten als Bienengift.

Hornissen ernähren sich von Baumharzen und Pflanzensäften. Doch zur Verpflegung ihrer Brut muss Fleisch her. Und so jagen Hornissen bis in die Nacht nach Spinnen und Insekten, beißen ihnen Beine und Flügel ab und verfüttern die eiweißreichen Bruststücke, vorgekaut und portioniert, an die Larven. Auch die kleinere Verwandtschaft, die Deutsche Wespe zum Beispiel, wird von Hornissen gern zu Babykost verpresst. Über 90 Prozent der Beutetiere aber sind Stubenfliegen, Schmeißfliegen, Bremsen und ihre Verwandtschaft, also gerade die Brummer, die uns am meisten auf die Nerven gehen. An einem einzigen Tag erlegen die Arbeiterinnen eines großen Hornissenstaates mehrere Tausend Beutetiere; im Laufe eines Sommers summiert sich das auf mehrere Kilogramm Insekten und anderes Kleingetier.

Jede Hornissenlarve wächst in einer Einzelzelle im Nest heran. Das Baumaterial für Zellen und Nesthülle ist ein Mörtel aus feinst zerkauten Holzfasern. Die Arbeiterinnen nagen Faser um Faser von morschem Holz ab, verkneten sie mit ihrem chitinhaltigen Speichel, tragen die Masse bröckchenweise zum Nest und ziehen sie zu papierdünnen Schichten aus. Dieses »Hornissenpapier« besitzt unglaubliche Eigenschaften; es ist federleicht und doch fest, außerdem so gut wie wasserdicht.

Wenn die Larven in ihren papierenen Gehäusen Hunger haben, kratzen sie laut mit den Kieferzangen an der Zellwand. Und dieses »Hungerkratzen« wird erhört – es sei denn, schlechtes Wetter verbietet Futterflüge. Wird aus Schlechtwetter eine Schlechtwetterperiode, verkehren sich die Rollen. Die Larven müssen dann Speichelsaft abgeben, um ihre Ernährerinnen durchzufüttern. Im arbeits-

▲ Schon ein ganz normales Hornissennest ist etwa 60 Zentimeter lang und hat einen Durchmesser von 25 Zentimetern. Aber es sind auch schon Riesenbauwerke von 120 Zentimeter Länge gefunden worden.

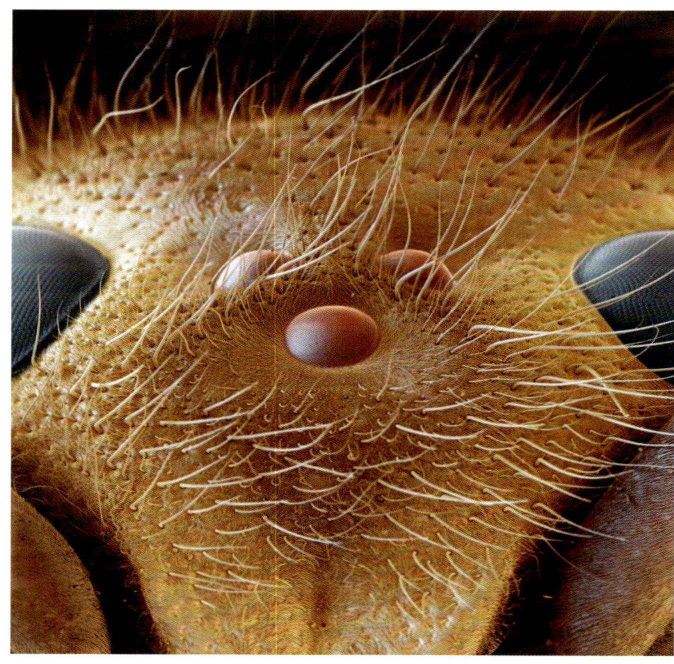

▲ Zwischen den Facettenaugen haben Hornissen auf der Stirn noch drei Punktaugen, sogenannte Ocellen.

teiligen Staat wird so dafür gesorgt, dass die Futterbrigaden am Ende einer Zwangspause relativ frisch und gekräftigt durchstarten können.

Der Hornissenstaat ist einer auf Zeit, denn Ende Oktober ist alles vorbei. Mit einem Jahr ist die alte Königin eine Greisin; doch noch vor ihrem Tod sind die jungen Königinnen geschlüpft, haben sich Reserven angefressen und sich gepaart. Während das alte Nest zerfällt und seine Insassen einer nach dem anderen sterben, suchen sich die jungen Königinnen geschützte Überwinterungsplätze. Im Frühjahr werden sie neue Staaten gründen, an anderen Orten. Solo-Baumeisterinnen sind sie nur so lange, bis die erste Generation arbeitsfähig ist und übernehmen kann; ab dann ist die Königin ausschließlich Eierlegerin, die von ihren Töchtern ernährt wird.

Ähnlich wie im Bienenvolk reguliert die Königin das Sozialleben im Nest. Per Hormon-Infos. Und noch eine Parallele zur Honigbienen-Welt fällt auf: Hornissen-Arbeiterinnen können unter bestimmten Umständen Eier legen, aus denen ausschließlich Drohnen (männliche Tiere) schlüpfen. Allzu oft kommt das nicht vor. Neuere Untersuchungen haben gezeigt, dass die Arbeiterinneneier (anders als die der Königin) meist auch von Arbeiterinnen gefressen werden.

Hornissen sind bedroht und stehen in Deutschland unter Artenschutz. Wer Nester entfernt, begeht eine Straftat. Wer meint, sich der braun-gelben Nachbarn – warum auch immer – entledigen zu müssen, braucht eine Ausnahmegenehmigung der Naturschutzbehörde. So friedlich Hornissen auch sonst sind, ihr Nest verteidigen sie vehement. Nur Experten haben das Fachwissen und Fingerspitzengefühl, um ein Hornissenvolk ohne Schaden umzusiedeln.

▲ Hornissen lieben den süßen Baumsaft, der an Verletzungen der Rinde austritt.

HORNISSE

Vespa crabro

Merkmale
Etwa doppelt so groß und siebenmal so schwer wie eine Honigbiene.
Färbung: braun-gelb.

Vorkommen
Verbreitet in Mitteleuropa und im südlichen Nordeuropa, im Osten bis Korea und Japan, seit Ende des 19. Jahrhunderts auch in Nordamerika und Kanada.

Lebensweise
Hornissenstaaten bestehen aus 400 bis 700 Tieren. Staatsgründung im Frühjahr durch eine begattete Jungkönigin, die zunächst alle Arbeiten allein erledigt. Später übernehmen Arbeiterinnen alle Tätigkeiten außer dem Eierlegen.
Baumaterial für das Nest: Mörtel aus Holzfasern und chitinhaltigem Speichel. Bevorzugte Neststandorte: dunkle Hohlräume wie hohle Bäume, Schuppen, Garagen, Dachböden.
Erwachsene Tiere leben von zuckerhaltigen Säften, Larven werden mit dem Fleisch von Insekten, Spinnen und Raupen aufgezogen. Die Arbeiterinnen setzen den Giftstachel vor allem für die Jagd, aber auch zur Verteidigung des Nestes ein.
Entwicklungszeit: vom Ei bis zum fertigen Insekt (inklusive fünf Häutungen) 32 bis 37 Tage.

BLATTLAUSWESPE *Aphidius colemani*

Die Eierstecherin

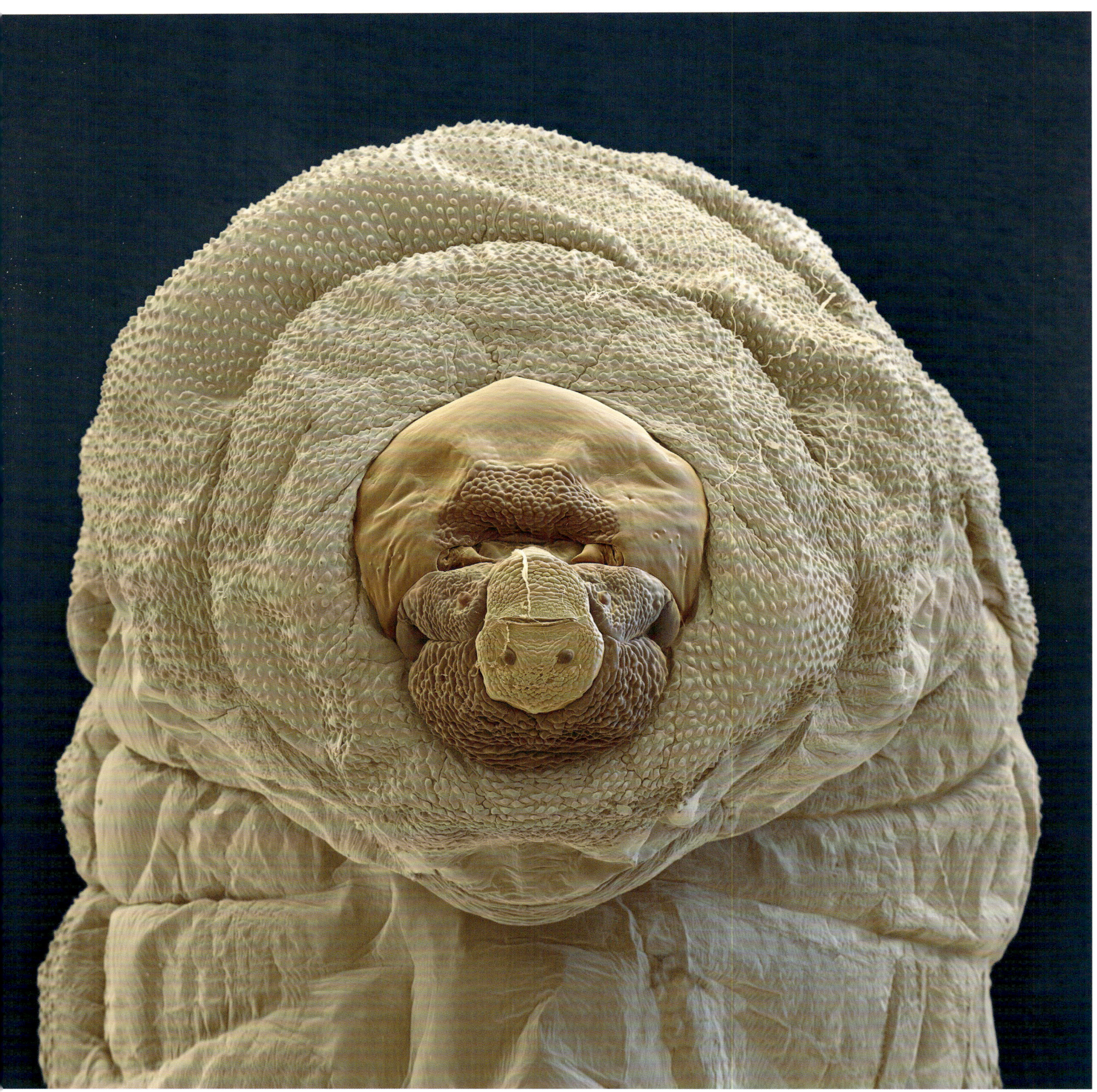

▲ Die Larve verspeist Blattläuse von innen …

▲ Eine erwachsene Blattlauswespe ist nur zwei Millimeter klein – aber oho!

Die Blattlauswespe aus der Familie der Schlupfwespen ist nur zwei bis drei Millimeter groß und lebt gerade mal ein bis zwei Wochen. In dieser kurzen Zeitspanne erledigt sie bis zu 500 Blattläuse. Nicht, wie man meinen könnte, um satt zu werden – die Wespe lebt vegetarisch von Honigtau –, sondern um sich zu vermehren.

A. colemani spürt Blattläuse mit untrüglicher Sicherheit auf.Sie hat ein zweistufiges Suchschema. Aus größerer Entfernung lockt der Geruch befallener Pflanzen sie an. Im Nahbereich lässt die Blattlauswespe sich vom Geruch des Honigtaus leiten, einem Duft, den Blattläuse unweigerlich verströmen.

Die Läusesuche vollzieht sich hektisch, aber dennoch zielsicher, denn die Wespe braucht unbedingt Kinderstuben und Speisekammern für ihren Nachwuchs. Wenn sie eine passende Blattlaus gefunden hat, nimmt sie eine merkwürdige, yogaartig anmutende Haltung ein: Sie krümmt den Körper zum »Katzenbuckel«, reckt den Hinterleib zwischen den Beinen hindurch nach vorne und sticht den Legestachel, der als feine Röhre ausgebildet ist, in die Laus. Es dauert nur wenige Sekunden, und schon ist die Laus mit dem Wespenei infiziert.

Aus dem Ei zwängt sich nach drei Tagen eine winzige Larve, die sich fünf Tage lang vom Inneren der Laus ernährt. Falls mehrere *Aphidius*-Wespen die Laus mit ihren Eiern geimpft haben, müssen die geschlüpften Larven im Wirtskörper gegeneinander ums Überleben kämpfen. Dabei gibt es immer nur einen Sieger, und der frisst so lange, bis vom unfreiwilligen Gastgeber nur noch eine Art Mumienhülle übrig ist. Die nächsten Tage ist Fasten- und Ruhezeit angesagt: Die Larve hat sich – gut verborgen in der aufgedunsenen Mumienhülle – verpuppt und verwandelt sich nun in ihrem Kokon in das fertige Insekt. Nach vier Tagen Puppenruhe krabbelt eine elegante Schlupfwespe durch ein kreisrundes Loch aus der leeren Laushülle. Schon einen Tag später lässt sie sich befruchten (oder befruchtet selbst eine weibliche Wespe) und geht, sofern weiblich, selbst auf Blattlauspirsch.

Die Geschichte kann aber auch ganz anders ausgehen. Die Larven können, nachdem sie schon zu einiger Größe in der dahinsiechenden Laus herangewachsen sind, Opfer von sogenannten Hyperparasiten werden, etwa von Erz- und Gallwespen. Die schaffen es, mit tödlicher Treffsicherheit die Larven der Blattlauswespe in der Laus (!) anzustechen und mit ihren Eiern zu infizieren. Hyperparasitismus nennt man die Geschichte vom parasitierten Parasiten.

Was dem biologischen Laien wie ein exquisiter Sonderweg der Natur vorkommen mag, ist in Wirklichkeit eine Hauptstraße. Die sogenannte parasitoide Lebensweise hat sich im Laufe der Evolution quer durch die Ordnungen

▲ Fertige Schlupfwespen verlassen die ausgehöhlten Blattlausmumien.

▲ Wie alle Schlupfwespen haben auch Blattlauswespen auffallend große Fühler.

aller Insekten etabliert. Bei rund einem Viertel aller die Erde bevölkernden Insektenarten steht am Anfang ihrer Entwicklung zu einem erwachsenen Wesen die Ausbeutung einer anderen Spezies als Schutz- und Nährkörper. Von ihnen gehören 75 Prozent zur Ordnung der Hautflügler, innerhalb derer wiederum die Schlupfwespen die stärkste Gruppe bilden.

Dem ökogärtnernden Menschen ist das durchaus recht und sogar Geld wert. Wer die Läuse völlig giftfrei loswerden will, kann Blattlausmumien mit schlupfbereiten Wespen per Katalog bestellen. *Aphidius colemani* scheint der Star der Ökogärtner-Szene zu sein, denn die wendige kleine Wespe ist nicht wählerisch und injiziert ihre Eier in diverse Blattlausarten. Ob Pfirsichblattlaus, Kartoffelblattlaus oder Gurkenblattlaus: Der Wespe und ihren Larven ist alles recht. Selbst einzeln saugende Blattläuse spürt sie zielsicher auf. Der Erfolg – so wird werblich aber wahrheitsgemäß in einschlägigen Gärtnerbroschüren berichtet – lässt denn auch nicht lange auf sich warten. Schon nach einer Woche ist mit den ersten Resultaten zu rechnen – und alles ohne einen einzigen Tropfen Gift.

▲ Blattlauswespe kurz vor dem Abflug.

▲ Blattläuse. Welche von ihnen tragen wohl schon Schlupfwespeneier in sich?

BLATTLAUSWESPE
Aphidius colemani

Merkmale
Körpergröße: zwei bis drei Millimeter.
Färbung: Körper schwarzbraun, Beine gelblichbraun. Auffällig lange, vielgliedrige Antennen.
Vorkommen
Ursprünglich im Nahen Osten verbreitet, doch als »Waffe« der biologischen Schädlingsbekämpfung mittlerweile weltweit vorkommend.
Lebensweise
Erwachsene Blattlauswespen leben von Nektar, ihre Larven brauchen tierisches Eiweiß.
Die Wespen legen ihre Eier in zahlreiche Blattlausarten, in und von deren Innerem die Larven leben. Jedes Weibchen belegt etwa 100 Blattläuse mit seinen Eiern.
Entwicklungsdauer: bei 25° Celsius vom Ei bis zum fertigen Insekt zehn Tage, bei 21° Celsius 14 Tage.

FLIEGEN ... und sogenannte Fliegen

▲ Die Stubenfliege *Musca domestica* ist ein Kosmopolit. Sie fühlt sich überall zu Hause, wo Menschen leben.

▲ Eintagsfliegen – hier ein *Baetis*-Männchen – sind gar keine Fliegen, auch wenn sie so heißen.

Fliegen fliegen, flies fly – und das tun sie so offensichtlich und meisterhaft, dass sie nach ihrer Fortbewegungsart benannt worden sind.

Wenn man nach den Insektennamen geht, sind wir allseits von Fliegen umgeben. Doch vieles, was für uns unter »Fliege« rangiert, ist überhaupt keine. Florfliegen und Köcherfliegen zum Beispiel sind mit »richtigen« Fliegen nicht näher verwandt als ein Pinguin mit einem Huhn. Und Eintagsfliegen stehen – ihrem Namen zum Trotz – den Libellen weit näher als den Fliegen. Dafür sind Fliegen wiederum mit den Mücken so richtig eng verwandt: Beide gehören zu den Zweiflüglern.

Das ist doch endlich mal ein anschaulicher Gruppenname: Zweiflügler haben in der Tat nur zwei Flügel. Das zweite hintere Flügelpaar, das bei Insekten eigentlich zur Grundausstattung gehört, ist bei den Zweiflüglern im Laufe der Evolution zu merkwürdigen kleinen Gebilden geschrumpft, den sogenannten Schwingkölbchen oder Halteren. Sie sehen ein wenig aus wie winzige Trommelstöcke, schwingen beim Fliegen im gleichen Rhythmus wie die Flügel und sind mit raffinierten Sinneszellen übersät, die es der Fliege erlauben, Flugbewegungen äußerst fein zu justieren.

Bei der Schmeißfliegenart *Calliphora eryathrocephala* arbeitet dieses Hightech-Doppelaggregat sogar, wenn das Insekt auf seinen sechs Beinen unterwegs ist.

Dennoch: Eine krabbelnde Fliege ist eine verhältnismäßig leichte Beute, ganz anders als das Flugobjekt. Erst in der Luft sind Fliegen Meister ihrer Klasse. Forscher der Oxford University und des Imperial College in London haben die Flugmuskulatur von Stubenfliegen (spezial-) geröntgt und pro Flügel vier kräftige Antriebsmuskeln plus 13 (kleinere) Steuermuskeln identifiziert. Letztere machen zusammengenommen nur drei Prozent der Muskelmasse aus.

Auch das Lieblingstier der Genetiker kommt aus der taxonomischen Unterordnung der Fliegen: Die Frucht- oder Taufliege *Drosophila melanogaster*, ein knapp zwei Millimeter kleiner Winzling, ist überall präsent, wo es fault und gärt und nicht allzu kalt ist. Von den weltweit rund 3000 Arten fühlen sich etwa 50 in Deutschland wohl. Vor allem in unbedeckelten Komposteimern führen sie ein fürstliches Leben. Die gelbbraune, rotäugige *Drosophila* mit ihrer kurzen Generationsfolge und der überschaubaren Anzahl an Chromosomen (das gesamte Erbgut der *Drosophila* ist auf acht Chromosomen untergebracht) ist wie geschaffen für Kreuzungsexperimente und die Erforschung genetischer Gesetzmäßigkeiten. Auch die fein abgestimmten Wechselwirkungen der Hormone während der Metamorphose und sogar die Wirkungsweise von krebsauslösenden Genen lassen sich an diesen winzigen Fliegen erforschen.

Müssten vor diesem Hintergrund Fliegen nicht unsere Hochachtung und Wertschätzung genießen? Eigentlich ja, aber die gängige Meinung über die Brummer ist völlig anders gelagert; als Imbiss für den Teufel sind sie uns gerade gut genug: In der Not frisst der Teufel Fliegen.

▲ Fuß der Stechfliege *Stomoxys calcitrans*.
Dank der Krallen und Haftlappen unterhalb der Krallen kann sie auch auf senkrechten Flächen laufen.

GOLDFLIEGE *Lucilia sericata*

Schön schauerlich

▲ Ihre »Hakenzähne« nutzt die Fliegenmade nur zum Festhalten.

▲ Goldgrüner Leib und rotbraune Augen: unverkennbar eine Goldfliege.

Mit ihren großen rotbraunen Augen und dem metallisch goldgrün glänzenden Körper ist die Goldfliege eine kleine Schönheit. Die auffällige Farbe kommt nicht durch verschiedene Pigmente zustande. Das Schillern entsteht vielmehr, weil mikroskopisch feine Strukturen auf der Chitinhülle des Fliegenkörpers das Licht brechen und streuen.

▲ Goldfliegen lieben nicht nur Aas, sondern auch die Hinterlassenschaften anderer Tiere.

So wunderschön die fliegenden Juwelen sind, so anrüchig ist ihr Lebenslauf: Goldfliegen sind überall da zur Stelle, wo es um Mist, Leichen und offene Wunden geht. Wo es gammelt und stinkt, finden sich Goldfliegen ein. Diese Vorliebe hat ihnen und ihrer näheren Verwandtschaft den Familiennamen »Schmeißfliegen« eingebracht; Geschmeiß ist ein Synonym für »ein Haufen Dreckiges«, für Gesindel.

Verwesendes, Stinkendes erschnüffeln Goldfliegen kilometerweit mit ihrem unglaublich feinen Geruchssinn, der wie bei den meisten Insekten in den Antennen sitzt. Die Geschmackssinneszellen an ihren Füßen melden ihnen dann, ob sich der Anflug gelohnt hat. Es ist tatsächlich so, dass Fliegen auf potenzieller Nahrung sitzen müssen, um sie kosten zu können. Unsereins würde unbekannte Nahrung mit der Zungenspitze testen, eine Fliege tritt drauf, um sich eine Meinung zu bilden. Ist die Kostprobe nach ihrem Geschmack, fährt sie reflexmäßig den »Rüssel« aus und saugt auf, was immer es an Flüssigem zu holen gibt.

Kadaver und offene Wunden bieten nicht nur Nahrung für die erwachsenen Goldfliegen, sie sind auch genau der richtige Platz für den Nachwuchs. Bis zu 200 Eier kann ein Goldfliegenweibchen auf einmal legen, auf bis zu 3000 Eier kommt sie im Laufe ihrer drei- bis vierwöchigen Lebenszeit. Bei warmem Wetter vergeht kaum ein halber Tag, bis die gut zentimetergroßen, beinlosen Maden schlüpfen. Wie die erwachsenen Fliegen, so können auch die Maden nicht kauen, sondern nur schlürfen. Trotzdem steht ihnen jederzeit genügend Nährsuppe zur Verfügung: Sie sondern Verdauungssäfte ab, die Festes verflüssigen. Sie verdauen sozusagen extern, außerhalb ihres Körpers.

Diese Fähigkeit macht Goldfliegenmaden zu geschätzten Mitarbeitern der Medizin. Die Fliegenmaden – selbstverständlich unter sterilen Bedingungen und garantiert keimfrei gezüchtet – werden in Gazebeutel verpackt auf Wunden gelegt. Hier bewirken sie Erstaunliches. Ihre Verdauungssäfte, die durch das Gazenetz in die Wunde sickern, lösen nekrotisches Gewebe auf und töten dank antibakterieller Wirkstoffe auch noch Bakterien ab, die sich in der Wunde angesiedelt haben. Außerdem heben sie den pH-Wert in der Wunde auf basische Werte an, die Bakterien überhaupt nicht vertragen. Selbst multiresistente Erreger sind dem Angriff der Killermaden nicht gewachsen und verschwinden. Übel riechende, chronische Wunden können dank Maden-Therapie endlich abheilen. Der neue Bereich der »Biochirurgie« bietet spannende Möglichkeiten!

Geht es noch spektakulärer? Ja! Goldfliegen fliegen bisweilen auch auf die besten Sendeplätze am Sonntagabend: Sie gehören zu den ersten, die sich am Tatort einfinden. Je nach Temperatur, Luftfeuchtigkeit, Besonnung und ein paar anderen Faktoren entwickeln sich Goldfliegenmaden unterschiedlich schnell. Wenn man all diese Komponenten berücksichtigt und richtig bewertet, lässt sich aus Dichte, Größe und Entwicklungsstand des Madenbesatzes im Leichnam (oder der Puppen im angrenzenden Erdreich) recht genau der Todeszeitpunkt und womöglich sogar der Tathergang eingrenzen. Eine echte »Tatort«-Totenuhr: Made … in Germany.

▲ Eine Fressmaschine: Der Kopf (links) ist winzig.

▲ Die Goldfliege – eine der schönsten Fliegen.

GOLDFLIEGE
Lucilia sericata

Merkmale
Unverwechselbar wegen ihrer grüngolden schillernden Färbung.
Größe: sieben bis elf Millimeter.
Vorkommen
Ursprünglich vor allem in der nördlichen Hemisphäre verbreitet, mittlerweile auch in Südamerika und Australien.
Lebensweise
Flugzeit: Juni bis September.
Nahrung der erwachsenen Fliegen: Nektar und Flüssigkeiten, die sich in Aas, Exkrementen und Wunden sammeln. Die Weibchen legen bis zu 3000 Eier, die sie in Gelegen von jeweils 50 bis 200 Eiern auf Aas, faulendem Pflanzenmaterial oder Exkrementen ablegen. Larven wurmförmig ohne sichtbare Beine.
Entwicklungszeit: bei Temperaturen über 20° C Larven etwa eine Woche, Puppenruhe etwa zehn Tage.

KÖCHERFLIEGEN *Trichoptera*

Krabbler in Rüstungen

▲ Diese Köcherfliegenlarve hat sich ihr Gehäuse aus Steinchen gebaut.

▲ Man sieht es den schwachen Mundwerkzeugen an: Für erwachsene Köcherfliegen ist Fressen Nebensache.

Weltweit gibt es rund 13000 Arten Köcherfliegen der Ordnung *Trichoptera*. Ein paar von ihnen sind begabte Baumeister. Ihre heranwachsenden Larven bauen sich unter Wasser Wohnröhren. Die Bautechnik dieser Köcher erinnert ein wenig an die Kokons, in die sich viele Insektenlarven für den Gestaltwandel einspinnen. Sie haben aber auch unverwechselbare Eigenheiten.

▲ Bei Gefahr kann die Larve sich sofort in ihren Köcher zurückziehen.

Aus Labialdrüsen, die am Kopf sitzen, sondern die Larven ein Sekret ab, das im Wasser sofort zu feinsten Spinnfäden erhärtet. Das Trichoptera-Typische dabei ist: Die Fäden sind der Kitt, um Baumaterial wie kleine Steine, Borken- oder Schilfstückchen zusammenzukleben, und zwar körperpassformgerecht.

Baumaterial und Bauform sind von Art zu Art unterschiedlich. Die *Glossomatidae* zum Beispiel formen buckelige Steinlandschaften, die *Beraeidae* elegante Sandscheiden, einige *Lepidostomatidae* haben offenbar den rechten Winkel verinnerlicht: Ihre Hülle ist auffällig vierkantig.

Die oben abgebildete Larve ist eine Vertreterin der klassischen Baumeister-Linie. Sie lebt in einer Röhre aus Steinplatten, die den leicht verletzlichen Hinterleib panzern. Der Kopf schaut vorn heraus, ebenso zwei Beinpaare, die das bewohnte Bauwerk über den Grund ziehen, fast wie ein Wohnmobil mit Frontantrieb. Bei Gefahr kann sich das Tier aber auch ganz in den Köcher zurückziehen. Je größer die Larve wird, desto mehr Platz braucht sie in ihrer Hülle. Ständig wird der Köcher erweitert und vergrößert. Die Larve verlängert ihn nach vorn und reißt ihn hinten ein, bevor er zu eng zu werden droht.

Trotz der schweren Hülle klappt es mit dem Sattwerden. Köcherfliegenlarven leben meist von kleinen, organischen Teilchen. Sie raspeln Algenbelag, sogenannten Biofilm, von Steinoberflächen oder machen sich über Blätter her, die im Wasser zerfallen. Einige wenige Arten haben die Fähigkeit ausgebildet, winzige nahrhafte Substanzen aus dem Wasser zu filtern. Und das alles als gepanzerte Krabbler.

Es gibt allerdings auch Köcherfliegenlarven, *Rhyacophilia spec.* (Abb. rechts), die auf den Schutzbunkerbau verzichten. Als jagende Arten wären sie mit sperriger Hülle ja auch denkbar unvorteilhaft gekleidet. Aber auch diese Arten spinnen. Manche stellen quer zur Strömung Fangnetze auf, neben denen sie auf Beute lauern. Andere hängen sich zur Jagd in die Strömung – am selbst gefertigten Bungee-Seil.

Die Erwachsenen, also die Köcherfliegen, haben meist auffällig behaarte Flügel, ein grobes Erkennungsmerkmal. Ein Blick auf ihre Mundwerkzeuge sagt dem Experten, dass sie ihre Nahrung nicht kauen, sondern nur auflecken können. Wenige Nektartröpfchen reichen offenbar für ein Leben, das oft nur wenige Tage, allerhöchstens vier Wochen währt.

▲ Köcherfliegenlarven der Gattung *Rhyacophila* sind schnelle Jäger – und sinnvollerweise ohne Köcher unterwegs.

▲ *Rhyacophila*-Köcherfliegen finden ihre Partner per Lockduft, hier das adulte Insekt

▲ Köcherfliegen sehen auf den ersten Blick aus wie Nachtfalter.

KÖCHERFLIEGEN
Trichoptera

Merkmale
Schmetterlingsähnlich, aber ohne den Saugrüssel der Schmetterlinge. Flügel in Ruhehaltung dachförmig über dem Hinterleib zusammengelegt. Auffallend lange Fühler.
Körperlänge: je nach Art 1,5 bis 40 Millimeter.
Flügelspannweite: 3,5 bis 68 Millimeter.

Vorkommen
In Mitteleuropa leben knapp 400 Arten, weltweit sind etwa 13 000 Arten bekannt.

Lebensweise
Erwachsene Köcherfliegen leben von Nektar oder fressen überhaupt nichts.
Lebensdauer: je nach Art einige Tage bis vier Wochen. Die raupenartigen Larven fast aller Arten wachsen im Wasser heran. Die meisten kleben Steinchen, Sandkörner, Schilfstückchen und andere Baumaterialien mit Spinnsekret zu einer Wohnröhre zusammen, dem sogenannten Köcher. Fünf Häutungen während der Larvenzeit.
Puppenruhe: bis zu vier Wochen.

FLORFLIEGE *Chrysoperla carnea*

Die Schöne und das Biest

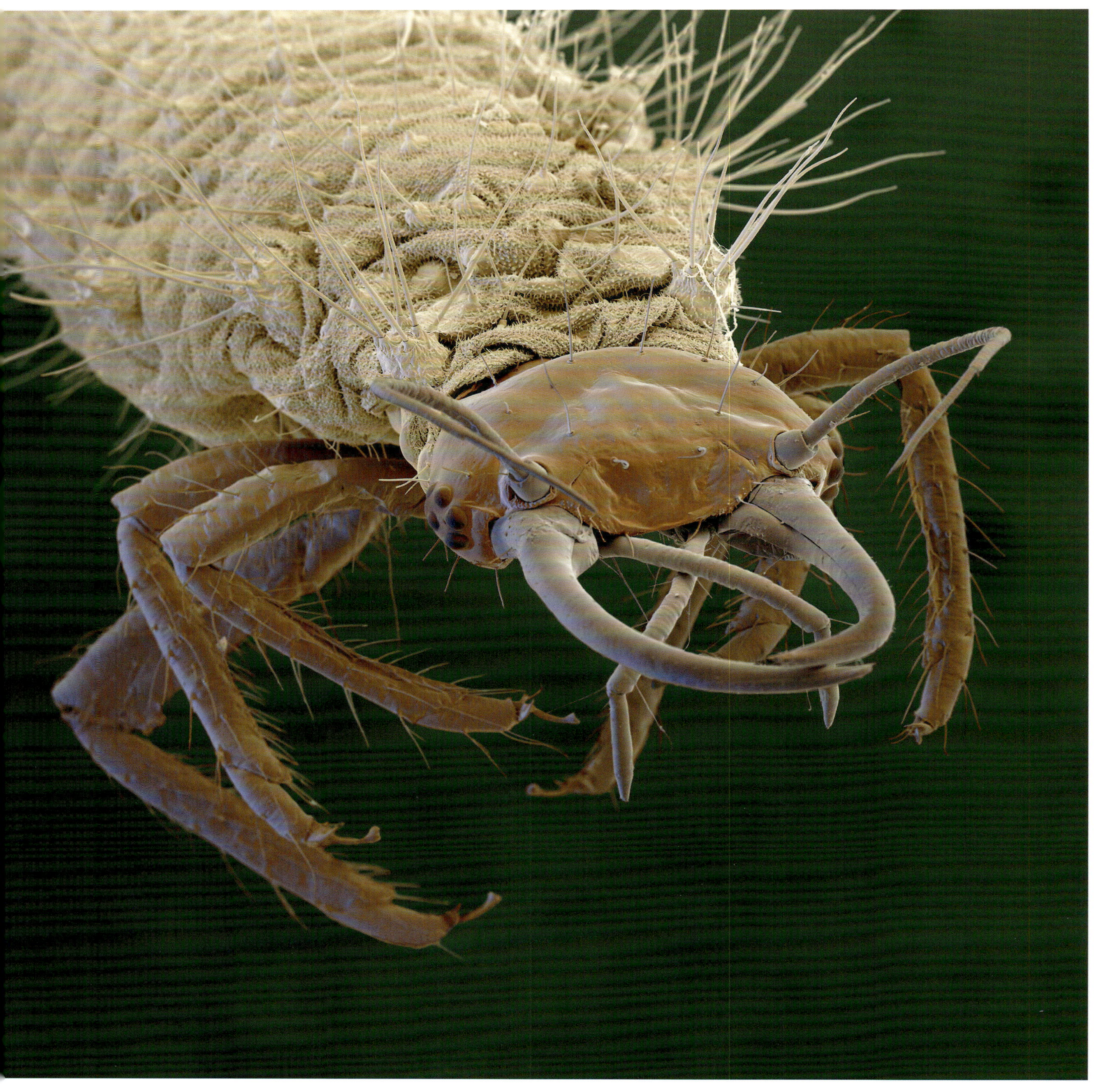

▲ Die Larve der Florfliege: der zangenbewehrte Blattauslöwe!

▲ Florfliegen sind auch unter dem Namen »Goldauge« bekannt.

Die Gemeine Florfliege – die häufigste der rund 70 Arten in Europa und der 35 in Mitteleuropa – ist das, was man eine »aparte Schönheit« nennen könnte. Der Körper zartgrün gefärbt, die Flügel durchsichtig, von einem Netzwerk feiner Adern durchzogen. Dazu große schillernde Augen, die ihr den Zweitnamen »Goldauge« einbrachten. Als 1999 erstmals die Wahl zum »Insekt des Jahres« stattfand, siegte die Gemeine Florfliege.

Florfliegen krabbeln aus ihren Unterschlüpfen, wenn es dämmrig wird. Im Schutz der Dunkelheit sind sie vor hungrigen Vögeln einigermaßen sicher. Aber vor jagenden Fledermäusen? Florfliegen haben ein ausgezeichnetes Gehör, das übrigens nicht am Kopf, sondern am Ansatz der Vorderflügel sitzt. Hören sie die Ortungslaute von Fledermäusen, bringen sie sich per Sturzflug in Sicherheit. Doch selbst wenn sie erwischt werden, kommen sie womöglich mit dem Leben davon: Viele Florfliegenarten haben an der Vorderbrust eine Drüse, die ein intensiv nach Kot müffelndes Wehrsekret absondert. Ihr Beiname »Stinkfliege« kommt nicht von ungefähr.

Gegen eine andere Gefahr hilft den »Goldaugen« jedoch weder ihre Schönheit noch ihr feines Gehör. Wenn sie sich in Wohnstuben und Schlafräume verfliegen, laufen sie Gefahr, totgeklatscht zu werden. Dabei leben die erwachsenen Insekten ausschließlich von Nektar und Pollen und haben nicht den geringsten Appetit auf Menschenblut. Für ihre nächtlichen Besuche in unseren Zimmern gibt es einen einfachen Grund: Wie viele dämmerungsaktive Insekten reagieren sie auf Lichtquellen, und so kann es in lauen Sommernächten schon mal zu massenhaften Hausbesetzungen kommen. Florfliegenfreunde empfehlen, man solle in solchen Fällen die missgeleiteten Flieger behutsam nach draußen setzen, zumal die Larven der filigranen Tierchen großartige Helfer bei Blattlaus- und Milbenbefall sind. Die Weibchen legen ihre Eier fast immer in enger Nachbarschaft zu Blattlauskolonien ab. Jedes einzelne klebt an der Spitze eines langen, erstarrten Sekretfadens. So eine Gruppe Florfliegeneier sieht ein wenig wie eine Ziergarten-Miniatur aus – als hätte jemand ein Rasenstück mit aufgestielten Lampions zugestellt.

So schön die erwachsenen Insekten sind, ihre Larven sehen ziemlich schaurig aus. Ein Hingucker aber sind sie allemal. Das REM-Bild zeigt eine kompakte, waffenstarrende Larve mit mächtigen Saugzangen, die irgendwie an Elefantenstoßzähne erinnern. Dieser »Blattlauslöwe« trägt seinen Zunamen zu Recht. Zwei bis drei Wochen lang

▲ Die Florfliegenlarve hat eine Blattlaus gepackt.

stopft er sich heißhungrig mit Milben und Blattläusen voll, bevor er sich verpuppt. Florfliegenlarven können ganze Läusekolonien auslöschen, sehr zur Freude von Hobbygärtnern und Landwirten.

Einem jagenden Blattlauslöwen zuzuschauen, ist wie Horrorfilm-Gucken. Der Jäger schlägt seine Zangen in die Laus, stemmt sie in die Höhe, als wolle er seinen Fang präsentieren, pumpt Verdauungsenzyme in sein Opfer und saugt den verflüssigten Inhalt aus, bis nur noch die leere Hülle übrig ist. Und die schmeißt er keineswegs weg. Er packt die Hüllen auf seine spitzen Rückenborsten, bis er schließlich unter dem Wirrwarr aus leeren Häuten kaum mehr zu erkennen ist. Und genau das ist der Plan: Feinde nehmen Florfliegenlarven unter all dem Müll buchstäblich nicht mehr wahr. Als man Blattlauslöwen probehalber ihren Tarnanzug wegnahm, wurden sie prompt von Ameisen, die »ihre« Honigtau liefernden Blattläuse beschützten, als Feind erkannt und umgehend entfernt.

Forscher haben sich mit Interesse über Florfliegen gebeugt; und sie haben den Netzflüglern dabei auch auf die Füße geschaut. Einige Florfliegenarten können offenbar in ihrem Körper erzeugte Schwingungen mit den Füßen auf Unterlagen übertragen, die als Resonanzflächen dienen. Warum sie das tun? Die Wissenschaft, die ein solches »drumming« bei unterschiedlichen Insektengruppen untersucht hat, bietet eine ganze Palette von Erklärungen an: Warnung an Artgenossen vor Fressfeinden, Kommunikation im Dienste der Partnerfindung, Abschreckung von Jägern … Welcher Grund von Fall zu Fall der wichtigste oder gar einzige ist, haben die Signaltrommler noch nicht detailliert mitgeteilt.

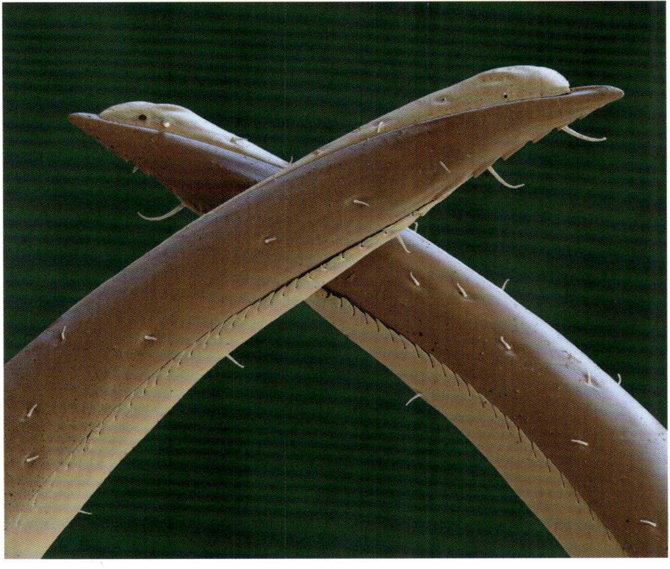

▲ So sehen die Spitzen der hohlen Kieferklauen aus, mit denen der »Blattlauslöwe« seine Opfer aussaugt.

▲ Eine filigrane Schönheit: die Florfliege.

FLORFLIEGE
Chrysoperla carnea

Merkmale
Gehört zur Ordnung der Netzflügler. Flügel durchsichtig und grün geädert, in Ruhehaltung dachförmig über dem Hinterleib zusammengelegt, Augen goldglänzend, auffallend lange Fühler.
Körperlänge: zwölf bis 20 Millimeter.
Flügelspannweite: 15 bis 30 Millimeter.

Vorkommen
Mit Ausnahme von Australien weltweit verbreitet.

Lebensweise
Dämmerungsaktiv. Die Eier werden auf langen Stielen aus getrocknetem Sekret in der Nähe von Blattlauskolonien abgelegt. Ein Weibchen legt insgesamt 400 bis 700 Eier, pro Tag bis zu 20 Eier.
Entwicklung der Eier: je nach Temperatur drei bis zehn Tage.
Entwicklung der Larven: acht bis 18 Tage.
Puppenruhe: zehn bis 14 Tage.
Florfliegen leben von Pollen und Nektar, ihre Larven jagen vor allem Blattläuse. Eine Larve frisst während ihrer Entwicklung 200 bis 500 Blattläuse.
Überwinterung als erwachsenes Insekt in trockenen, geschützten Schlupfwinkeln wie hohlen Baumstämmen oder Dachböden.

EINTAGSFLIEGEN *Ephemeroptera*

Sie tanzen nur einen Sommertag

▲ Die Larven der Gattung *Baetis* leben nur in Bächen mit sauberem Wasser.

▲ *Baetis*-Männchen haben außer ihren Facettenaugen ein Paar »Turbanaugen«, die ihnen beim Aufspüren der Partnerinnen helfen.

Eintagsfliegen stellen eine eigene, große Insektenordnung dar. Weltweit bringen es die Ephemeren auf knapp 3000 Arten, 114 davon findet man in Deutschland. Eintagsfliegen sind offenbar Erfolgsmodelle der Evolution: Sie zählen zu den Insekten, die unseren Planeten schon bevölkerten, bevor Saurier über die Erde trampelten und flogen. Sie gelten im Weltreich der Fluginsekten als die ursprünglichsten.

Die »Geflügelten eines Tages« (so lautet etwas frei die Übersetzung ihres altgriechischen Namens) haben im Laufe der Jahrmillionen auf der Größenskala von winzig bis ansehnlich sehr unterschiedliche Positionen besetzt. Die kleinsten Maifliegen (so ein anderer Populärname) messen drei Millimeter, die größten 3,8 Zentimeter. Die Große Eintagsfliege gehört, wie schon der Name sagt, zu den größten heimischen Arten. Bis zu 2,5 Zentimeter misst der Körper, und dann kommen noch vier Zentimeter »Schleppe« dazu. An diesen Hinterleibfäden – meist sind es drei – lassen sich Eintagsfliegen relativ leicht erkennen, auch wenn man sich in der Welt der Krabbler, Kriecher und Flatterer nicht so gut auskennt. Die Fäden wirken so ähnlich wie die Fallschirmchen bei der Pusteblume: als Flugstabilisatoren und Auftriebshilfen.

Auffällig sind bei den meisten Arten außerdem die extrem langen Vorderbeine der Männchen, die im Sitzen fühlerartig nach vorne gestreckt werden und zu nichts anderem gut sind, als Weibchen bei der Paarung festzuhalten. Nach der Paarung setzen die Weibchen im Flug die Eier ins Wasser ab, indem sie einfach den Hinterleib ins Wasser tupfen; anschließend sterben sie. So schnell kann ein Insektenleben zu Ende sein.

Das Ephemeren-Leben ist tatsächlich sprichwörtlich kurz: Meist dauert es nur ein paar Tage, einigen Arten bleibt nicht mal ein ganzer Tag. Kurz ist so ein Leben allerdings nur dann, wenn man das Vorleben ausblendet. Mindestens zwei Jahre (!) verbringt die Larve der Großen Eintagsfliege im Wasser. Während dieser Zeit graben sich ihre Larven Fraßgänge in den Bachgrund, immer auf der Suche nach tierischen oder pflanzlichen Nahrungsteilchen. Dafür sind sie bestens ausgestattet. Die beiden Vorderbeine enden in Schaufeln, die zusammengedrückten Kieferzangen ragen wie ein spitzer Rammpfahl nach vorne, und auch der harte, in zwei Spitzen auslaufende Stirnschild dient als Grabwerkzeug. Wollte man eine Bestenliste der Spitzen-Wühler im Tierreich aufstellen, die Larve von *Ephemera danica* fände sich auf den vorderen Rängen.

Von einiger Raffinesse zeugt auch der Einsatz der Larven-Kiemenblättchen, die fünf- bis siebenpaarig am Hinterleib sitzen. Die Wühler kommen im wasserarmen Milieu des Bodenschlamms nicht in Atemnot, weil ihre

▲ Die Larve einer Eintagsfliege in Aufsicht. Die Flügelanlagen (hell) und Kiemenplatten (rotbraun) sind gut zu erkennen. Eintagsfliegenlarven sind Indikatoren für die Wasserqualität.

Vorwärtsbewegung eine kleine, aber konstante Strömung erzeugt, die offenbar ausreicht, die Kiemenblättchen mit Sauerstoff zu versorgen. Neben den »Wühlern« gibt es bei anderen Eintagsfliegenarten auch Larven, die auf dem Gewässergrund entlangkrabbeln und den Algenrasen von Steinen abweiden. Diese »Steinklammerer« sind platt wie Flundern, um der Wasserströmung möglichst wenig Widerstand entgegenzusetzen und nicht weggespült zu werden.

Die Larven einer dritten Gruppe sind schwimmtüchtig und schlängeln sich wie Fische zwischen Wasserpflanzen und Steinen hindurch. Von allen Larvenformen gleichen sie am meisten der »Fliege«, zu der sie sich eines Tages entwickeln werden.

15 bis 25 Kleiderwechsel bringen die Larven bis zur finalen Häutung hinter sich. Aus der letzten Larvenhaut steigt keine Puppe, sondern ein fertiges Insekt, das aber noch nicht geschlechtsreif ist und deshalb Subimago heißt. Wer es weiß, erkennt diese »Fast-Erwachsenen« leicht an den milchigen Flügeln (voll Erwachsene haben glasklare, durchsichtige Flügel). Diese weichen Appetithappen tanzen mit Vorliebe kurz oberhalb des Wasserspiegels, wo sie wegen ihres weichen Körpers und ihres ungeschickten Fluges bei bestimmten Fischen gut ankommen. Fliegenfischer – das sind die Meister der Anglerbranche – machen sich diese Vorliebe zunutze und arbeiten mit Subimago-Kunstfliegen, in denen ein Haken steckt. Diese Spezialköder lassen Könner an der Langleine über der Wasseroberfläche tanzen.

Die Phase des Beinahe-Erwachsenseins währt nur kurz. Ein paar Minuten bis höchstens vier Tage vergehen, dann entsteigt das geschlechtsreife Insekt der Subimago-Hülle.

Höchst merkwürdig sehen die frisch geschlüpften Männchen einer bestimmten Ephemeren-Gattung aus: Auf dem Kopf tragen sie zwei ausladende Beulen, die an einen doppelten Turban erinnern. Die skurrilen Beulen sind ein zweites Paar Augen – ein Extra für die große Gemeinschaftsbalz. Diese »Turbanaugen« sind besonders gut ans Sehen bei Dämmerung angepasst. Und sie erleichtern den Sucherblick nach oben, wenn die Männchen ihre Weibchen von unten erkennen und aus dem tanzenden Männerschwarm heraus anfliegen.

So wie das REM-Porträt der Wühlerlarve, der Großen Eintagsfliege *Ephemera danica* (siehe Seite 85), schon den Aufenthaltsort und den Lebensraum verrät, so spricht das Bild der fertigen Fliege (siehe Seite 86) durch Auslassung: Ganz offensichtlich fehlen die Mund- und Fresswerkzeuge. Eine sinnvolle Einsparung, denn Eintagsfliegen leben zu kurz, um sich mit Futtersuche und Fressen aufzuhalten. Der funktionslose Mitteldarm wurde zu einem luftgefüllten, federleichten Stabilisierungselement, einer Art pneumatischem »Zusatz-Innenskelett«.

▲ Die Vorderbeine weit hochgereckt: ein *Baetis*-Männchen.

EINTAGSFLIEGEN

Ephemeroptera

Merkmale
Körpergröße: drei bis 38 Millimeter.
Flügelspannweite: bis 80 Millimeter.
Flügeladern deutlich sichtbar. Flügel in Ruhehaltung über dem Rücken hochgeklappt.
Die Männchen vieler Arten haben vergrößerte Vorderbeine und ein zweites Paar Augen: die aufwärts gerichteten sogenannten Turbanaugen.
Larven und erwachsene Insekten haben zwei oder drei fadenförmige Hinterleibsanhänge.

Vorkommen
In Mitteleuropa über 100 Arten, weltweit über 3000 Arten bekannt. An Gewässer gebunden – bevorzugt Fließgewässer, kommt aber auch in stehenden Gewässern vor.

Lebensweise
Auffällige »Hochzeitsschwärme« paarungswilliger Männchen über dem Wasser. Larvenentwicklung aller Arten im Wasser. Nahrung der Larven meist lebendes oder abgestorbenes Tier- oder Pflanzengewebe.
Lebensdauer erwachsene Insekten: höchstens vier Tage.

▲ Die Larve der Großen Eintagsfliege *Ephemera danica* kann sich mit Hilfes ihres rammbockartigen Kopffortsatzes durch schlammigen Bachgrund wühlen.

▲ *Ephemera danica* ist die größte der einheimischen Eintagsfliegen.

MÜCKEN *Die Frauen sind die Stecher*

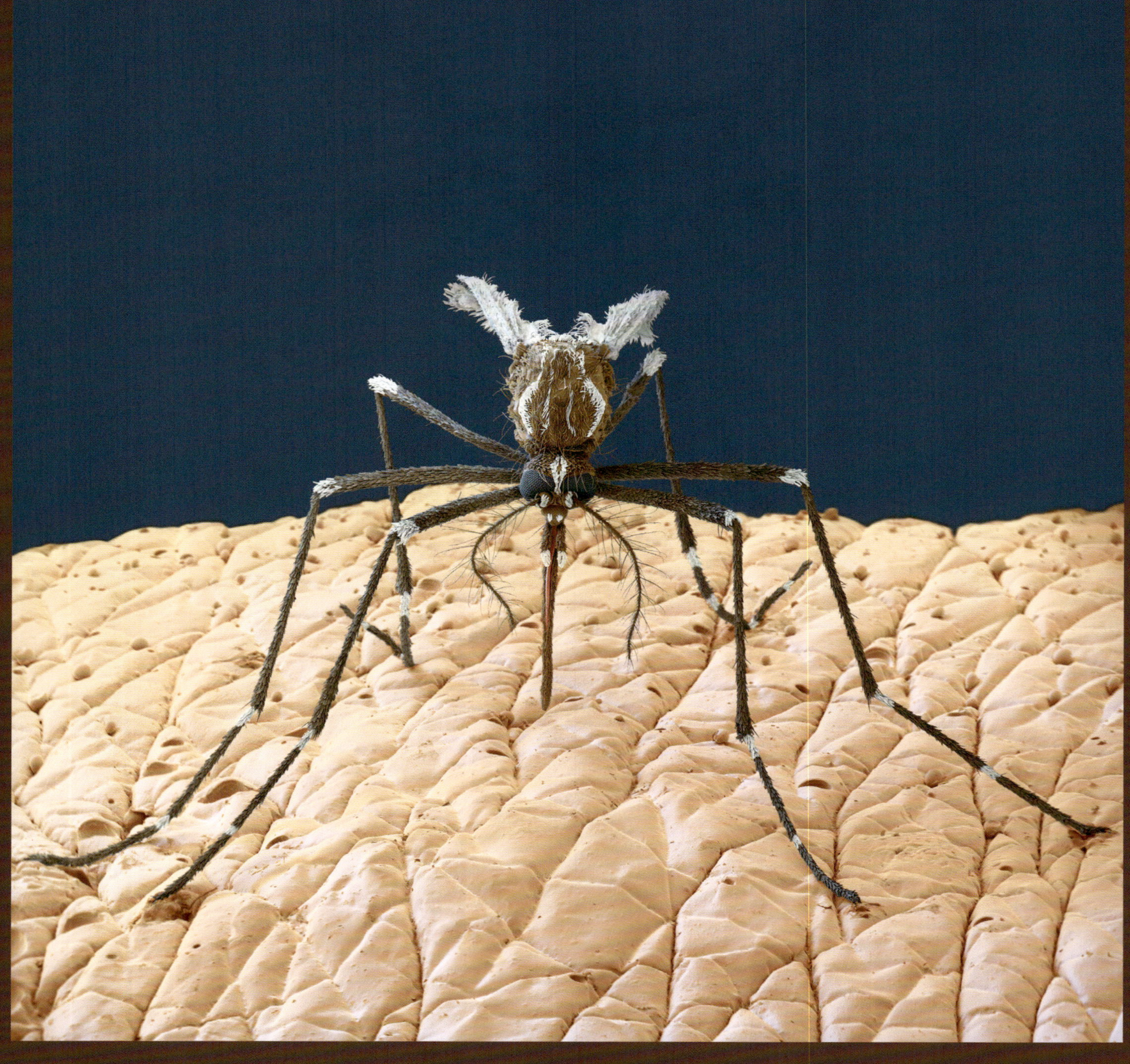

▲ Eine Gelbfiebermücke *Aedes aegypti* bei der Blutmahlzeit.

▲ Eine Anophelesmücke kurz vor dem Einstechen.

▲ Details des Stechrüssels mit feinster Zähnung.

Stechmückenmänner könnten einem fast sympathisch sein. Sie essen wenig, höchstens mal Nektar und andere Süßspeisen, sie stechen nicht, sie saugen kein Blut. Sie tanzen wie in einer Männer-Disco, und sie begatten. Und dann? Mückenmännchen sterben schlicht und einfach nach der Samenspende.

Ihre Weibchen dagegen laufen nach der Paarung erst zur Hochform auf. Kaum ist ein Weibchen in den Schwarm der tanzenden Männchen eingetaucht und hat sich mit einem von ihnen gepaart, wird sie, die bisher nur von Nektar und Pflanzensäften gelebt hat, blutrünstig. Mit enormer Zielsicherheit fahndet sie nach geeigneten Spendern, um ihren Durst zu stillen. Die Vorlieben sind da durchaus verschieden. Manche der weltweit rund 3500 Mückenarten bevorzugen Affen, andere saugen lieber an Sperlingsvögeln, wieder andere zapfen das Blut von Reptilien. Und selbst Fische wie der amphibisch lebende Schlammspringer sind vor Mücken nicht sicher.

Auf seiner Suche nach einem Opfer lässt sich das Mückenweibchen von Unterschieden in Helligkeit, Form und Farbe, in Temperatur, Feuchtigkeit und Kohlendioxidgehalt leiten. Besonders sensibel aber reagieren viele Arten auf Duftstoffe. Auch mit den besten Deos können wir Menschen nicht verhindern, dass wir unablässig eine Geruchsfahne aus Buttersäure, Milchsäure, diversen Fettsäuren, ein wenig Ammoniak und Eiweißbruchstücken hinter uns herziehen. Eine fitte Mücke muss dieser Wolke nur folgen wie ein Spürhund der Fährte, und schon sitzt und saugt sie an nackten Schultern und Waden.

Das Geräte-Set, mit dem sich Stechmückenweibchen ans Werk machen, erinnert ein wenig an ein Schweizer Taschenmesser. Sie arbeiten mit einem ganzen Bündel verschieden gestalteter Stechborsten, die im Ruhezustand in einer Art Futteral stecken. Mit diesem Futteral, an dessen Spitze zwei Geschmacksrezeptoren sitzen, tastet die Mücke zunächst die Haut ab, vermutlich auf der Suche nach einer Stelle, wo Blutgefäße dicht unter der Oberfläche verlaufen. Hat sie das richtige Fleckchen gefunden, schieben sich aus dem Futteral zwei nadelspitze Stechborsten in die Haut, gefolgt von einem weiteren Paar Borsten, die in messerscharfen Klingen mit gezähnten Kanten enden. Diese beiden Borstenpaare – Bohrer und Säge – werden nun alternierend in die Haut gestoßen, wobei die Sägezähne sich nach jedem Schub in der Haut verkeilen und ein Herausrutschen der Stechborsten verhindern. Während die Mücke emsig abwechselnd bohrt und sägt, spuckt sie gleichzeitig durch eine fünfte hohle Stechborste ein raffiniertes Sekret ins Bohrloch, das für mehrerlei sorgt: Es betäubt, sodass das Opfer den Überfall zunächst gar nicht spürt. Es macht die Zellwände rundum durchlässig und sorgt so für reichlich nachfließendes Blut. Und schließlich verhindert es, dass das Blut gerinnt und der Mücke den Rüssel verstopft. Das Sekret ist gewissermaßen das »Rohrfrei« der Mücken. Die sechste Stechborste schließlich funktioniert wie ein Trinkhalm, durch den die Mücke ihre Blutmahlzeit saugt.

Erst etwa drei Minuten später, wenn die Mücke längst satt von dannen geschwirrt ist, wird's lästig. Das unangenehme Gefühl verursacht vor allem der eingespritzte Mückenspeichel. Wenn die Betäubung an der Einstichstelle wieder nachlässt, spüren wir die Abwehr des Körpers. Er bekämpft die fremden Eiweißstoffe aus dem Speichel der Mücke, er reagiert buchstäblich allergisch auf die Injektion – und das juckt!

▲ Zwei Larven der berüchtigten Malaria-Überträgerin *Anopheles gambiae*.

Warum nur können sich die Mückenweibchen nicht wie ihre Männchen mit Nektar und Pflanzensäften begnügen? Wäre es nicht für die Mücke selbst von Vorteil, wenn sie ihre Nahrung von wehrlosen Blüten bezöge, statt bei jeder Mahlzeit das Risiko einzugehen, vom Blutlieferanten erschlagen zu werden? Nein, Blut ist für sie absolut unverzichtbar. Die Eier können nämlich nur reifen, wenn die Mückenweibchen tierisches Eiweiß bekommen. Diesen ganz besonderen Saft saugen sie aus Blutgefäßen, unter anderem aus denen des Menschen. Mit einer einzigen Mahlzeit kann ein Weibchen sein Gewicht verdoppeln; das aufgenommene Blut genügt, um ein paar Tage lang die reifenden Eier mit dem lebenswichtigen Eiweiß zu versorgen. Erst wenn der Eiweißvorrat aufgebraucht ist, muss die Mücke wieder nachtanken.

Der Mensch – ganz besonders der mückenstichsensible – möchte gerne glauben, dass sich Mückeneier nur in Tümpeln, Pfützen, Teichen oder Regentonnen entwickeln können. Doch Mücken sind weit vielseitiger als allgemein bekannt. Manche Arten legen ihre Eier in Brackwasser, in Salzsümpfen, sogar in wassergefüllten Blattachseln oder Baumlöchern ab, und die Eier von Blutsaugern wie *Aedes vexans* (übersetzt: lästiger Quälgeist) und *Ochlerotatus sticticus* (stechender Tunichtgut) können selbst im trockenen Sand ehemaliger Überschwemmungsgebiete jahrelang überdauern. Wenn es dort wieder feucht wird, kommt es zu explosionsartigen Massenvermehrungen, weil mehrere Generationen gleichzeitig schlüpfen. So geschehen 2013, im letzten heftigen Mückensommer, der vor allem zwischen Oder und Elbe noch in schlechter Erinnerung ist. Selbst wenn ganze Populationen abstürzen, kommen Stechmücken schnell wieder auf Touren, sobald es wieder Wasser gibt.

Was tun, wenn der nächste Mückensommer droht? Nur Stoiker könnten empfehlen, den Nervensägen den Schluck Blut doch einfach zu gönnen. Gegen diese Option spricht nicht nur der lästige Juckreiz. Weit schlimmer ist, dass nicht selten blinde Passagiere wie Fadenwürmer, krank machende Viren und Bakterien im Mückenspeichel schwimmen und mit jedem Stich weitergegeben werden können.

Die beste Abhilfe wäre natürlich, wenn uns Stechmücken gar nicht erst anzapften. Und so sprayen, räuchern und ölen wir Blutspender wider Willen drauflos, so gut es geht. Auch die Frage, wer »süßes Blut« hat und wer nicht, wird ausdauernd erörtert. Gibt's das bei Mücken überhaupt, Vorlieben für bestimmtes Blut?

Aber sicher! Menschen mit Blutgruppe Null beispielsweise sind signifikant beliebter als solche mit anderen Blutgruppen. Leute mit hohem Blutdruck sind – eigentlich naheliegend – besonders gefragt; ihr Blut quillt quasi selbsttätig in den Mückenmagen und erfordert kaum Saugarbeit seitens der Mücke. Besonders beliebt scheinen außerdem gestresste Personen zu sein. Das Stresshormon Corticosteron wirkt offenbar wie ein Mückenmagnet. In einer Versuchsreihe hat sich jedenfalls gezeigt, dass Zebrafinken, denen man eine größere Dosis Corticosteron gespritzt hatte, etwa doppelt so oft von Mücken angezapft wurden wie ihre nicht gestressten Artgenossen.

Was wäre also die beste Empfehlung im Kampf gegen die Blutsauger? Yoga gegen Mücken? Es geht auch nach dem »Man nehme«-Prinzip. Amerikanische Wissenschaftler[1] fanden eher zufällig heraus, dass bestimmte Bestandteile im menschlichen Schweiß aus der Gruppe der 1-Methylpiperazine wie Geruchstarnkappen wirken. Probehalber versprühten sie diese Substanzen in einem Behälter voller hungriger Mücken. Der Effekt war verblüffend: Als eine Versuchsperson anschließend ihre Hand in den Behälter hielt, blieben fast alle Mücken an der Wand sitzen. Sie waren durch die versprühten Substanzen gewissermaßen geruchsblind geworden und merkten gar nicht, dass Futter in Reichweite war.

Normalerweise ist der Anteil des Tarnkappendufts im Schweiß zu gering, um die Geruchsorientierung der Mücken völlig lahmzulegen. Wenn es allerdings gelingen könnte, diese Spezialdüfte zu extrahieren und zu konzentrieren, könnte man sie Mückenschutzmitteln beimischen.

Das wäre was: eine laue Sommernacht am See zu genießen, ohne selbst genossen zu werden!

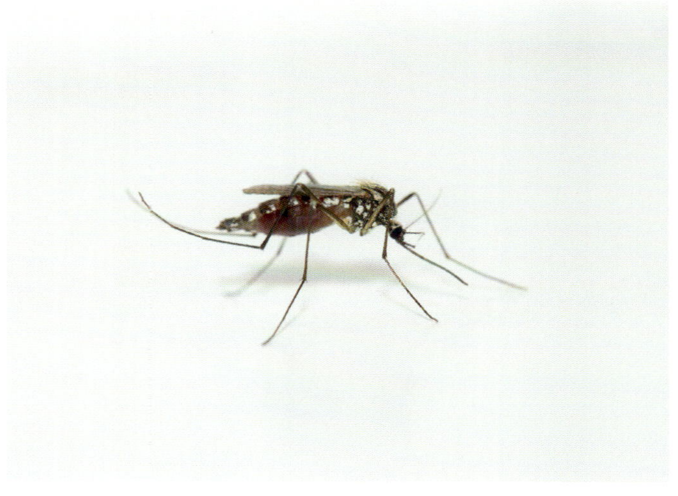

▲ Eine einheimische *Aedes*-Mücke.

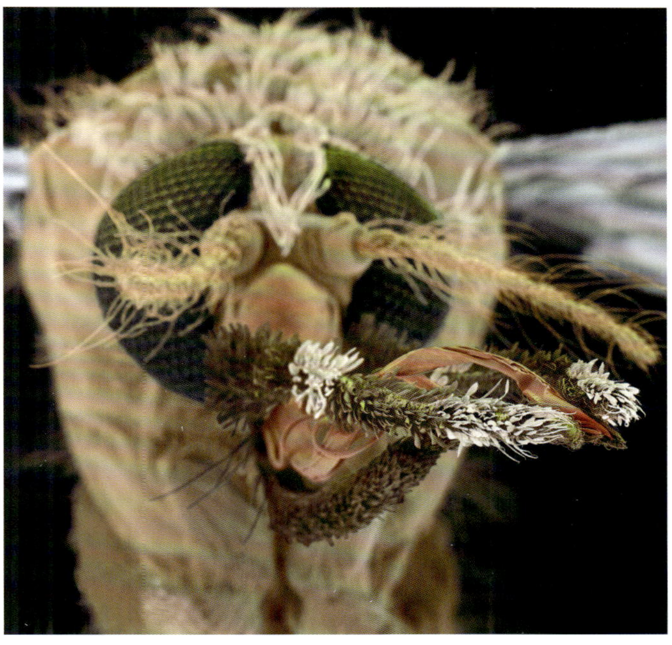

▲ *Anopheles gambiae* mit ihrem beeindruckenden Spezialwerkzeug.

▲ Eine *Aedes aegypti*: Auf dem ganzen Mückenkörper sind feine Schuppen und Haare verteilt.

1 Ulrich Bernier und sein Team vom US Department of Agriculture fanden heraus, dass eine Gruppe von Substanzen Moskitos daran hindern könnten, potenzielle Opfer zu riechen (siehe http://www.bbc.com/news/science-environment-23987827).

GELBFIEBERMÜCKE *Aedes aegypti*

Ägyptische Tigermücke – auf dem Sprung

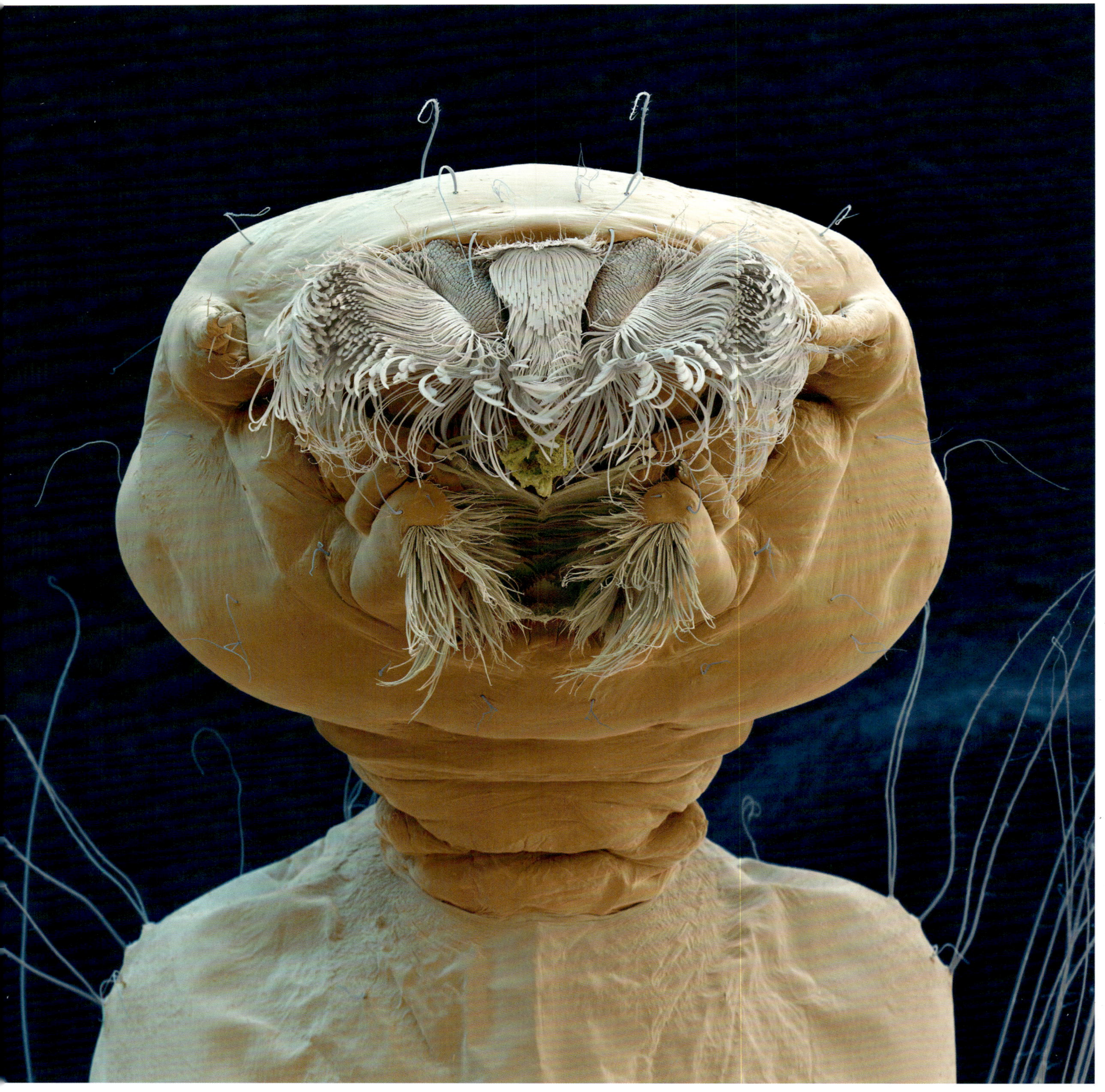

▲ Mit den bürstenartigen Strukturen strudelt sich die *Aedes*-Larve Mikroorganismen ins Maul.

▲ Der Rüssel der *Aedes*-Männchen taugt nicht zum Blutsaugen, nur zum Nektartrinken.

Die Ägyptische Tigermücke hat es – buchstäblich – in sich: Sie ist unfreiwilliger Überträger für verschiedenste Viren, darunter die Erreger des Denguefiebers, des Zika-Fiebers und des Gelbfiebers. Zwar sind die Tigermücken ursprünglich nicht in Europa, sondern in den Tropen und Subtropen zu Hause, aber es sieht ganz so aus, als stünde ihre Einwanderung unmittelbar bevor …

Überall dort, wo Waren um die Welt reisen und genügend Kontakt mit Feuchtigkeit haben, können Mückeneier mitreisen. »Mit das größte Problem ist der weltweite Handel mit Gebrauchtreifen«, sagt der Mückenexperte Helge Kampen.[1] Vor allem aus Asien werden massenweise Altreifen importiert, die bei uns geschreddert und als Granulat in Sportplatzbeläge und Flüsterasphalt gemischt werden. Da die Reifen in den Herkunftsländern bei Wind und Wetter im Freien lagern, sammeln sich in ihrem Inneren nach und nach Regenwasser, herabgefallene Blätter, ertrunkene Insekten und anderer »Bioabfall«. Bakterien siedeln sich an und beginnen, die Blätter und Stängel zu zersetzen. Dabei geben sie unter anderem Fettsäuren ab, deren Geruch den Mückenweibchen mit untrüglicher Sicherheit den Weg weist, selbst in die verstecktesten Winkel. Schon ein Zentimeter Wassertiefe genügt den Mücken, um ihre Eier abzulegen – und zwar knapp oberhalb von Wasseransammlungen. Wenn beim Handelspartner in Europa der nächste Regenguss auf die Reifen niedergeht, steigt der Wasserspiegel bis zu den abgelegten Mückeneiern, und die etwas strubbelig wirkenden Larven schlüpfen. Sie sehen aus, als trügen sie einen wilden Bart. Tatsächlich handelt es sich um Reusenhaare, mit denen sie kleine Nahrungspartikel und Mikroorganismen in Richtung Schlund befördern. Beim Strudeln hängen sie kopfüber am Oberflächenfilm von Pfützen oder kleinsten Wasserresten. Bei optimalen Bedingungen verwandeln sich die Larven innerhalb von zwei Wochen über die Puppe in die fertige Mücke.

Ein weiterer Schleuser für gefährliche Einwanderer ist der beliebte Glücksbambus, den es in jedem Blumenladen zu kaufen gibt. Mit dieser Zierpflanze und mit Schnittblumen und ihrem kleinen Wasserreservoir reisen Mückenlarven rund um die Welt. Da die europäischen Winter heute nur noch selten knackig kalt sind, ist auch bei uns früher oder später mit einer stabilen Population tropischer Mücken zu rechnen. Ein naher Verwandter, die Asiatische Tigermücke, hat sich schon fest in Italien und in 18 anderen europäischen Ländern angesiedelt; in zehn weiteren Ländern Europas wurde sie schon vereinzelt entdeckt. Die Ägyptische Tigermücke wird bei uns vorerst noch von Frostperioden an der Ausbreitung gehindert, doch das wird vermutlich nicht mehr lange so bleiben.

Vor einigen Jahrzehnten hätte man noch versucht, die feindliche Übernahme per Giftdusche abzuwehren. Noch in den 50er Jahren waren Gelbfiebermücken in Südeuropa gar nicht selten. Damals versprühte man im Kampf gegen Malaria- und Gelbfiebermücken großzügig das berüchtigte Insektengift DDT. Die Mücken verschwanden zwar erwartungsgemäß, doch die üblen Nebenwirkungen führten dazu, dass DDT nach und nach in den Ländern Europas verboten wurde. Heute ist man vorsichtiger mit der Giftspritze und sucht lieber nach raffinierteren Methoden. Wissenschaftlern gelang es, Tigermückenmännchen genetisch so zu verändern, dass ihre Nachkommen schon im Larven- oder Puppenstadium absterben. Freilandversuche auf den Cayman-Inseln, in Malaysia, Panama und Brasilien zeigten ermutigende Erfolge. Die Mückenpopulationen

▲ Fertig präparierte *Aedes*-Larve, bereit für das Rasterelektronenmikroskop.

1 Privatdozent Dr. Helge Kampen untersucht im Auftrag der Bundesregierung am Friedrich-Loeffler-Institut, Bundesinstitut für Tiergesundheit, unter anderem den Vormarsch der Asiatischen Tigermücke und ihr Potenzial als Krankheitsüberträger. Siehe https://www.bundesregierung.de/Webs/Breg/DE/Themen/Forschung/ressort/fli/_node.html

brachen dort um etwa 90 Prozent ein. Andererseits kann man sich bei der Arbeit mit transgenen Organismen nie sicher sein, ob sich nicht unerwartete Spätfolgen zeigen.

Vielversprechend klingt auch, was Wissenschaftlern in Brasilien gelang: Sie »impften« Ägyptische Tigermücken gegen Denguefieber und konnten sie so als Transporteure der Fiebererreger ausschalten. Der Trick: Sie infizierten die Mückenweibchen mit *Wolbachia*-Bakterien, die auf noch ungeklärten Wegen das Denguevirus unwirksam machen. Die geimpften Mücken stechen zwar nach wie vor, sie können das Fiebervirus aber nicht mehr weiterreichen.

Was sie weiterhin können, ist bewunderungswürdig – lässt man ihre für uns bedrohlichen Fertigkeiten einmal außer Acht: Ägyptische Tigermücken führen regelrechte Paarungsduette auf. Im Normalbetrieb schwirren die Männchen mit einer Flügelschlagfrequenz von 600 Hertz, also 600 Schlägen pro Sekunde, die Weibchen dagegen surren mit 400 Hertz. Im Paarungsduett aber wachsen beide über sich selbst hinaus und stimmen sich auf gemeinsame 1200 Hertz ein. Bereits verpaarte Weibchen reagieren übrigens auf das Sirren eines Männchens ausgesprochen desinteressiert. Ließe sich, so fragen sich Experten, daraus nicht eine neue Strategie im Kampf gegen die Plagegeister basteln? Sehr wahrscheinlich ja. Wissenschaftler hoffen, paarungsbereiten Weibchen unfruchtbar gemachte Männchen unterjubeln zu können. Da die Weibchen nach der Paarung mit dem Eunuchen davon überzeugt sind, bereits verpaart zu sein, werden sie auch das betörendste Sirren eines fruchtbaren Männchens ignorieren – und nur taube Eier legen.

▲ Die langen Borsten helfen der Mückenlarve, im Wasser zu schweben.

▲ Satt und zum Rülpsen prall: ein Stechmückenweibchen nach der Blutmahlzeit.

GELBFIEBERMÜCKE
Aedes aegypti

Merkmale
Körpergröße: drei bis vier Millimeter.
Färbung: dunkel mit weißen Streifen auf den Beinen und weißer Zeichnung auf dem Halsschild, Stechrüssel schwarz. Männchen etwas kleiner als Weibchen, mit auffällig buschigen Antennen.

Vorkommen
Stammgebiet ursprünglich vermutlich Afrika. Durch den Menschen mittlerweile weltweit in den Tropen und Subtropen verbreitet. Bestätigte Vorkommen in Südspanien, Griechenland und der Türkei.

Lebensweise
Die Entwicklung der Larven und die Verpuppung vollzieht sich im Wasser. Bereits kleinste Wassermengen genügen.
Entwicklung: vom Ei bis zum fertigen Insekt unter Idealbedingungen zehn Tage, bei kühlem Wetter mehrere Monate.
Die Ägyptische Tigermücke, auch unter dem Namen Gelbfiebermücke bekannt, überträgt außer Gelbfieber auch Denguefieber, Zika-Fieber und einige Viruserkrankungen.

ZUCKMÜCKEN *Chironomidae*

Sundance

▲ Die Larve von *Chironomus plumosus* durchwühlt mit ihren weißen Puscheln den umgebenden Schlamm nach Nahrung.

▲ Da Zuckmücken nicht stechen, brauchen sie auch keinen Saugrüssel.

Die Insektenfamilie der Zuckmücken verdankt ihren Namen einer merkwürdigen Eigenart: Mücken aus dieser Familie zucken unentwegt mit den Vorderbeinen; bis heute weiß niemand, warum. Auch ihr wissenschaftlicher lateinischer Familienname bezieht sich auf diese Eigenart: Das griechische Wort *Kheironómos* bedeutet Pantomime, Gestikulierer.

Ihren Zweitnamen »Tanzmücken« haben sie wegen ihrer wahrhaft spektakulären Hochzeitstänze bekommen. Besonders bei windstillem, warmem Wetter bilden die Männchen so dichte, auffällige Schwärme, dass sie von Weitem Rauchschwaden ähneln. Ihretwegen wurde schon mehrmals irrtümlich die Feuerwehr alarmiert …

In ihrer Schwarmwolke tanzen die Männchen unentwegt auf und ab wie lebende Jojos. Dabei erzeugt ihr Flügelschlag einen ganz spezifischen Summton, der auf Weibchen derselben Art – und nur auf sie – unwiderstehlich wirkt. Das artindividuelle Summen ist wichtig, denn manchmal sammeln sich auch Zuckmückenmännchen verschiedener Arten in einer Tanzwolke. Da jede Art in ihrer eigenen Tonart »singt« und zudem jede Art ihre bevorzugte Flughöhe hat, kommt es nicht zur Vermischung der Arten. Und sollte sich wirklich mal ein Mückenmännchen auf die Falsche stürzen: Die Fortpflanzungsorgane sind so akribisch nach dem Schlüssel-Schloss-Prinzip gestaltet, dass Fehl-Einfädeln schlicht unmöglich ist.

Jede der 696 Zuckmückenarten in Deutschland hat ihre Extras und Spezialentwicklungen. Während manche in rasch fließenden Gebirgsbächen zu Hause sind, gedeihen andere in Mineralquellen oder bevorzugen wassergefüllte Blattachseln. Selbst in 51 Grad heißem Wasser und in

▲ Zuckmückenmännchen riechen mit ihren Antennen. Mit diesen feinst gefiederten Hochleistungsinstrumenten »erschnüffeln« sie den Duft der Frauen.

Brack- und Salzwasser finden sich Zuckmückenlarven. Arten, die sich im stickigen, sauerstoffarmen Bodenschlamm entwickeln, sind oft blutrot gefärbt (wie das hier abgebildete Fotomodell). Die ungewöhnliche Farbe rührt vom Hämoglobin in ihrer Körperflüssigkeit her, das wie der entsprechende Farbstoff im Wirbeltierblut Sauerstoff bindet und transportiert. Zusätzlich sorgen die Larven von Zeit zu Zeit durch Schlängelbewegungen dafür, dass genügend Frischwasser am Körper entlangströmt und Sauerstoffnachschub mitbringt.

Eine besonders raffinierte Methode der Ausbreitung haben salzwassertolerante Arten entwickelt: Sie werden mit Vorliebe von Uferschnepfen gefressen, doch ein gewisser Prozentsatz der geschluckten Mückenlarven übersteht unbeschadet die Wanderung durch den Verdauungstrakt der Vögel! Wenn die Schnepfe nach etlichen Flugkilometern ihren Kot absetzt, befördert sie auch ihre blinden Passagiere ins Freie – und beschert den Mücken damit neues Terrain.

▲ Ständig zucken die erwachsenen Zuckmücken mit den Vorderbeinen, hier *Chironomus plumosus*.

▲ Die Larven der Zuckmücke *Chironomus plumosus*, die im sauerstoffarmen Schlamm leben, haben zwecks besserer Sauerstoffbindung Hämoglobin in ihrer Körperflüssigkeit.

ZUCKMÜCKEN
Chironomidae

Merkmale
Körperlänge: zwei bis 14 Millimeter.
Vorderbeine vorgereckt und unablässig zuckend (Name!). Antennen der Männchen flaschenbürstenartig mit Haaren besetzt. Larven schlank und wurmförmig.

Vorkommen
Weltweit sind über 15 000 Arten bekannt, in Mitteleuropa etwa 1400 bis 1500, in Deutschland 696 Arten. Zuckmücken besiedeln auch Extremlebensräume wie die Ozeane oder die Arktis, Salzwasser, Gletscherseen und warme Quellen.

Lebensweise
Erwachsene Mücken ernähren sich von Nektar und Honigtau, die wasserlebenden Larven in der Regel von Halbzersetztem und Algen.
Männchen in Paarungsstimmung bilden millionenstarke Tanzschwärme. Die Eier werden in gallertigen Ballen oder Schnüren abgelegt.
Lebenszyklus: vom Ei bis zum fertigen Insekt in den Tropen unter Idealbedingungen nur sieben Tage, in der Arktis bis zu sieben Jahre.
Lebenserwartung erwachsener Insekten: wenige Tage.

KRIEBELMÜCKEN *Simuliidae*

Pool-Trinker

▲ Kriebelmückenlarven keschern mit ihren Fangfächern Fressbares aus dem Wasser.

▲ Im Maul des erwachsenen Weibchens sind die Sägeplatten zu erkennen, mit denen sie die Haut des Opfers aufritzt.

Dass Mücken stechen, ist hinlänglich bekannt, aber dass sie beißen? Blutdurstig, aber ohne verräterisches Sirren, landet die Kriebelmücke auf der menschlichen Haut …

▲ Kriebelmücke im Anflug.

Um ihren Durst zu stillen, setzt sie ein ganzes Arsenal von scharf gezackten Mundwerkzeugen ein: Sie raspelt, ritzt und sägt, bis eine Vertiefung entsteht, in der sich Blut sammelt, das die Mücke dann unverzüglich aufzusaugen beginnt. »Pool-Sauger« nennen Insektenforscher Spezies, die diese Form der Bluternte beherrschen. Über den Sägezähnen sitzen spitze Haken; sie spreizen die Wunde und halten sie offen. Der kleine Bluttrinker ist längst wieder weg, wenn die Verletzung zu jucken anfängt – und sie juckt höllisch. Kratzen hilft leider nicht, reibt allenfalls Bakterien in die Wunde.

So unangenehm einen die Bluternte à la Kriebelmücke berühren mag, so milde klingt die Schilderung ihrer Larvendiät. Die Larve hält zwei fächerartige Fangnetze in die Strömung und wartet, bis sich winzige Tiere oder Nahrungsteilchen darin verfangen. Dann fächert sie ihre Fangnetze nach unten Richtung Mundöffnung, wo dichte Borstenbüschel die Nahrung herauskämmen.

Die erwachsene Kriebelmücke – keine zwei Wochen vergehen, bis sie sich vom Ei zum Imago entwickelt hat – ist eigentlich auf Nektar spezialisiert; Weiden- und Efeublüten werden am häufigsten angeflogen. Blutraub ist wie bei den Stechmücken Nebenerwerb, überdies reine Frauensache und dient dazu, Eiweiß für die Nachwuchsproduktion heranzuschaffen.

Weltweit gibt es etwa 2000 Kriebelmückenarten, in Deutschland sind es immerhin gut 50. Die kleinsten unter ihnen sind nur zwei Millimeter groß, sie passen locker durch die Maschen eines Standard-Moskitonetzes. Gerade diese Winzigkeit ist dazu angetan, Panik bei Pferden und Rindern auszulösen, zumal die Insekten auch gerne in Ohren und Nüstern kriechen. Wenn die Quälgeister in dichtem Schwarm anrücken, ist es schon zu wilden Fluchten unter Weidetieren gekommen.

▲ Die Kriebelmücke genehmigt sich ein paar Schlucke aus der selbst gebissenen Wunde.

▲ Die Fangkescher der Kriebelmückenlarven erinnern an die Puschel von Cheerleadern.

▲ Mit einer Konstruktion aus Spinnseide und Häkchen halten sich die Kriebelmückenlarven am Untergrund fest.

KRIEBELMÜCKEN
Simuliidae

Merkmale
gedrungene, kleine, schwarze oder graue Mücken, die an Fliegen erinnern.
Körperlänge zwei bis sechs Millimeter.
Vorkommen
Weltweit sind etwa 2000 Arten bekannt, in Deutschland über 50 Arten.
Lebensweise
Beide Geschlechter sind Nektarsauger. Zusätzlich trinken die Weibchen fast aller Arten Blut bei Warmblütern: Sie stechen nicht, sondern beißen kleine Wunden in die Haut und trinken das sich sammelnde Blut.
Ein Weibchen legt bis zu 1000 Eier – stets am oder im Wasser. Larvenentwicklung ausnahmslos im Wasser. Die Larven verankern sich mit einem Hakenkranz am Hinterende auf Pflanzen oder Steinen in einem selbst gesponnenen Seidenpolster. Sie ernähren sich von Nahrungspartikeln, die sie mit einer Art schleimbenetztem Kescher am Kopf aus dem Wasser fischen. Verpuppung in einem selbst gesponnenen Kokon nach sechs bis neun Häutungen. In Mitteleuropa bis zu sechs Generationen pro Jahr, in tropischen Flüssen bis zu 16 Generationen.

BÜSCHELMÜCKE *Chaoborus crystallinus*

Gläserne Jäger

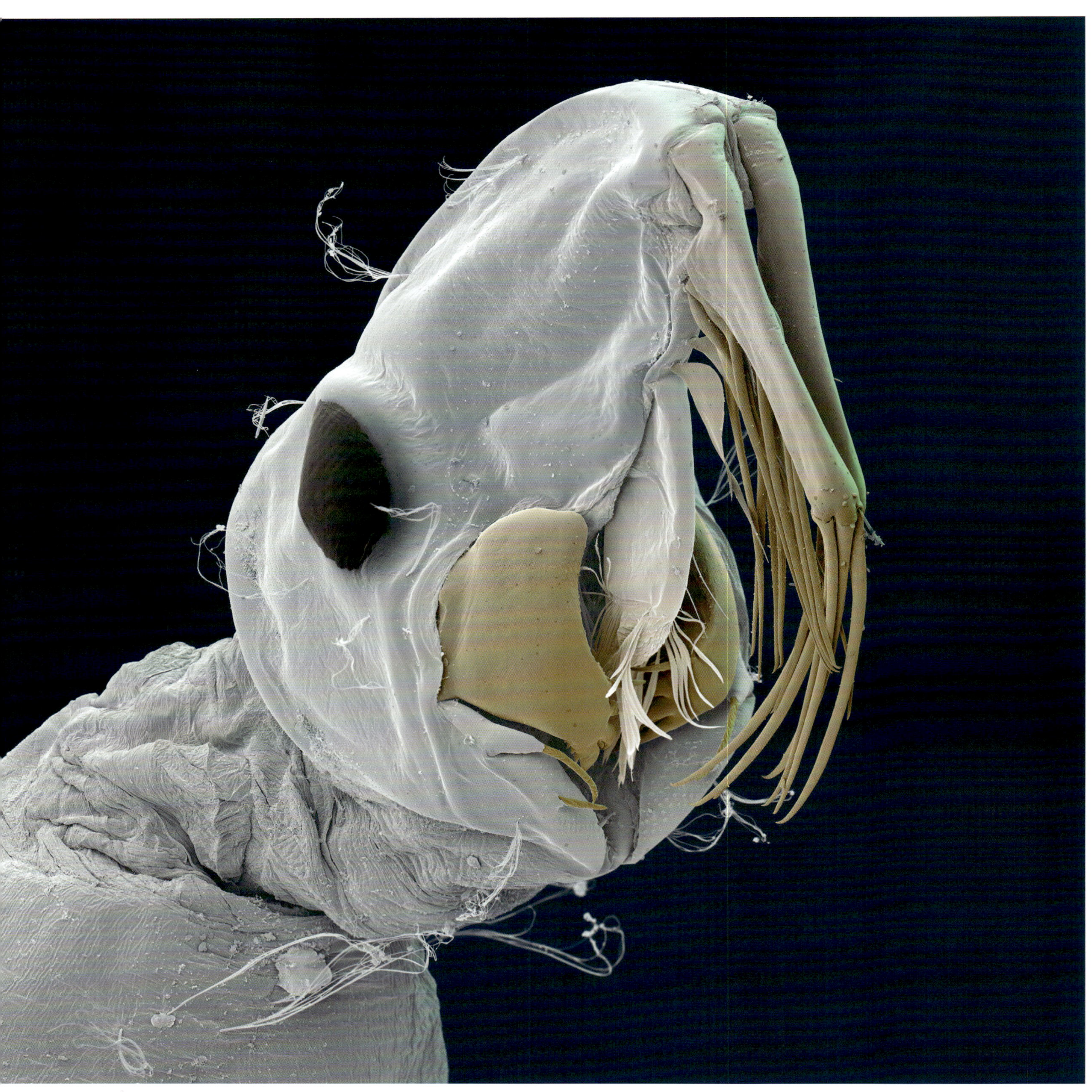

▲ Wie ein Wesen vom fremden Stern: die Larve der Büschelmücke.

▲ Grün schillern die Augen der Büschelmücken.

Sie sieht unheimlich und gefährlich aus, die Larve der Büschelmücke. Und das ist sie auch – besonders für Wasserflöhe … Waagerecht im Wasser schwebend, lauert sie ihnen auf, praktisch unsichtbar, denn sie ist fast durchsichtig wie Glas.

Recht passend daher auch ihr Zweitname »Glasstäbchenlarve« oder »Phantom-Mückenlarve«, wie die Engländer den 15 Millimeter kleinen Killer nennen.

Nur die massiven Kieferzangen sind getönt und die Augen schwarz. Außerdem sind in der Brust und am Ende des Hinterleibs je ein Paar bohnenförmige Gebilde zu erkennen. Die kleinen Dinger sind Luftsäckchen, mit denen die Larve ihre Position im Wasser aufs Feinste einstellen kann. Wenn die Mückenlarve ihre Luftsäckchen kontrahiert und Luft herausdrückt, sinkt sie nach unten; bläht sie die Säckchen auf, bekommt sie Auftrieb und steigt nach oben.

Reglos und fast unsichtbar schweben die Larven im Wasser und lauern. Sie müssen nicht einmal zum Luftholen ihre Warteposition unterbrechen, denn Glasstäbchenlarven steigen zum Atmen nicht zur Wasseroberfläche hoch; sie nehmen den Sauerstoff aus dem umgebenden Wasser über die ganze Körperoberfläche auf. Die kräftigen Fühler nehmen selbst die leiseste Vibration im Wasser wahr. Registrieren sie das Vibrato eines Wasserflohs oder Ruderfußkrebschens, geht alles blitzschnell: Die Glasstäbchen schießen voran; die Fühler, die ein wenig an die Fangarme einer Gottesanbeterin erinnern, fungieren jetzt als spitze Fangwerkzeuge und bohren sich dolchartig in das Opfer. Dann schieben sie den Happen nach unten zwischen die Kieferzangen.

Und wenn es zu wenig Wasserflöhe und anderes Kleinstgetier für die räuberischen Glasstäbchen gibt? Dann fangen und fressen sie sich gegenseitig. Kannibalismus kann bis zu 80 Prozent des Larvenbestandes vernichten.

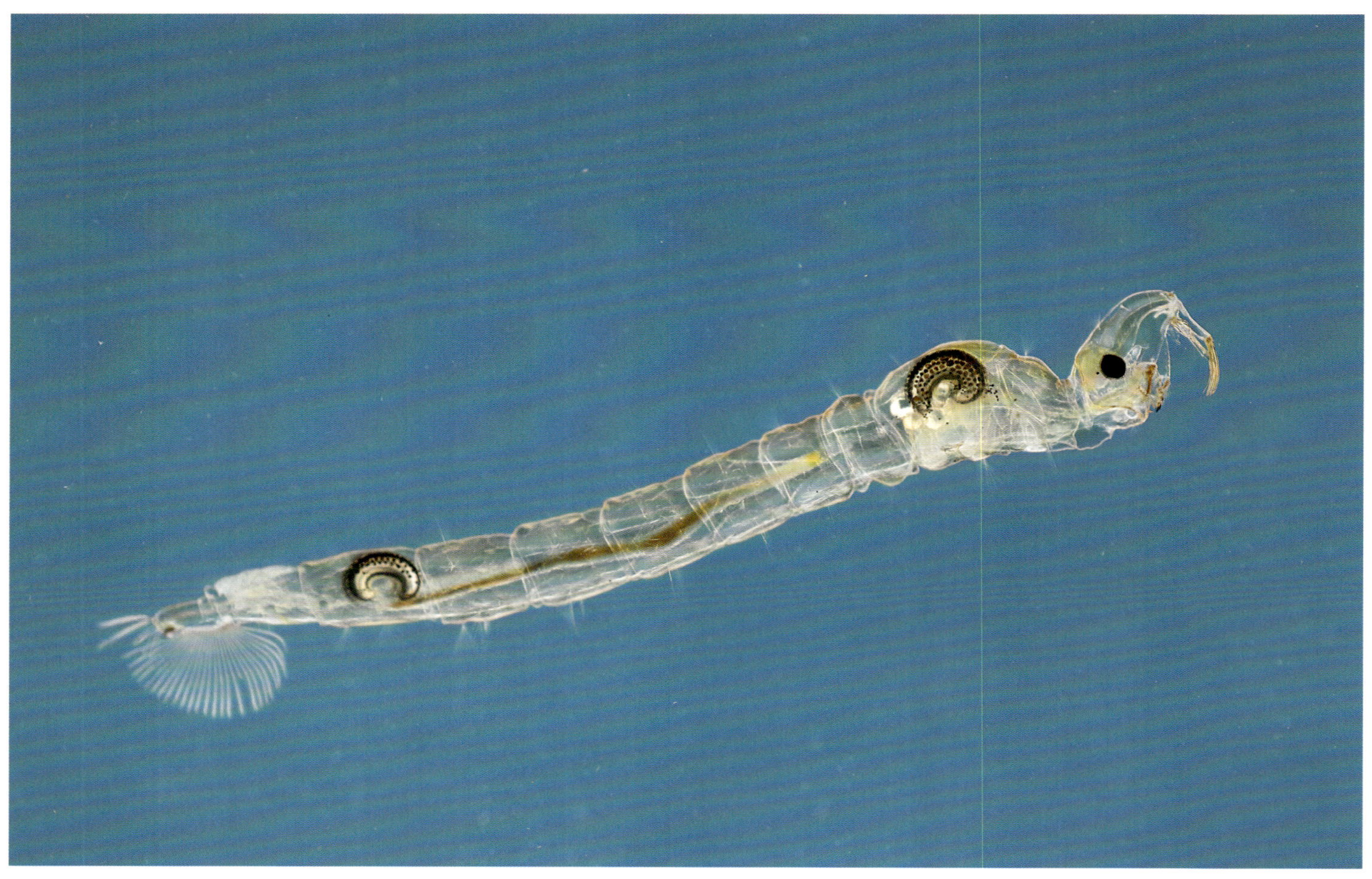

▲ Die beiden sichelförmigen Objekte enthalten Luft und helfen der Larve bei der Tarierung im Wasser.

▲ Auch die Puppen der Büschelmücken können mittels luftgefüllter Bläschen im Wasser schweben. Die winzigen Lufttanks oben am Kopf erinnern an kleine Ohren.

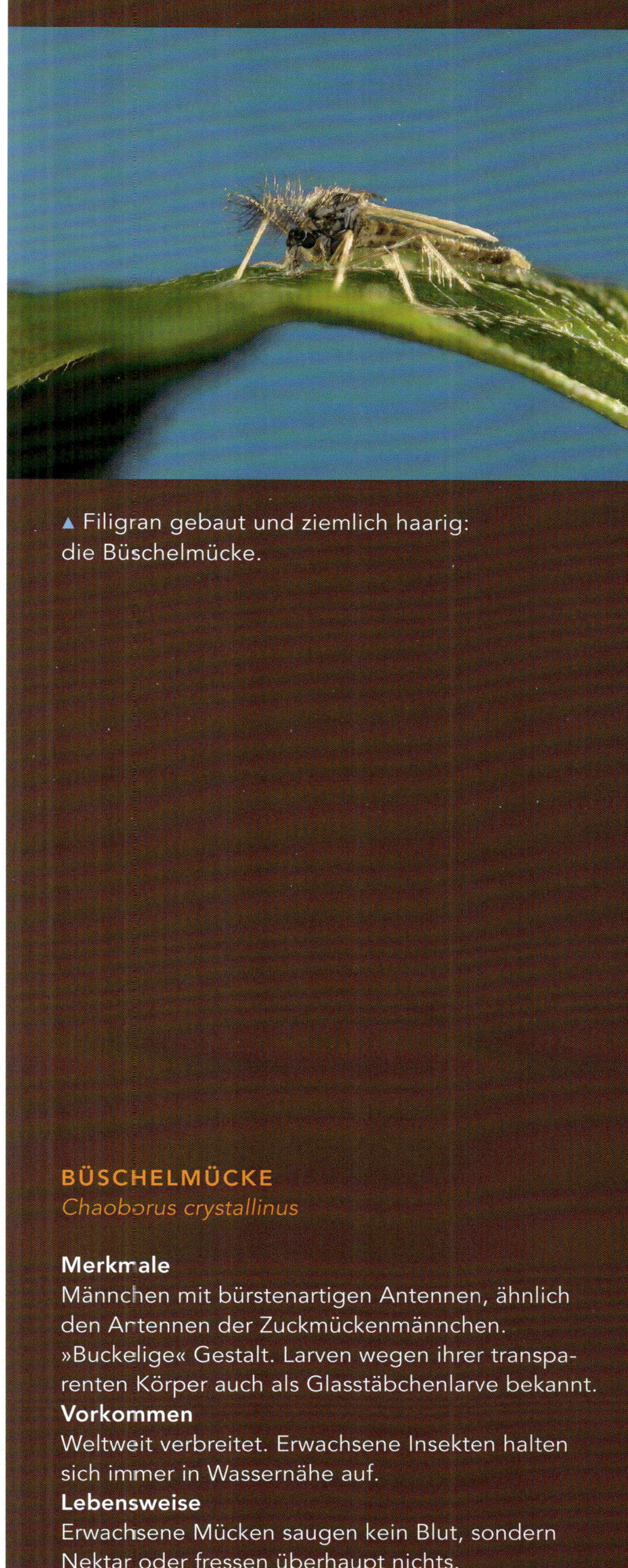

▲ Filigran gebaut und ziemlich haarig: die Büschelmücke.

Denkbar groß ist die Verwandlung vom Tarnkappen-U-Boot zum friedlichen Flugobjekt. Aus der Puppe schlüpft eine filigrane Mücke, die mit Jagen und Blutzapfen nichts im Sinn hat; sie sucht Blüten auf und schlürft Nektar. Ihren Namen verdankt die Mücke den ausgefallenen büscheligen Antennen, die an zwei Flaschenbürsten erinnern.

Büschelmücken müssen ein echtes Erfolgsmodell der Evolution sein: Schon in 130 Millionen Jahre alten Ablagerungen aus der Kreidezeit hat man *Chaoboridae* gefunden. Und noch heute zählen sie zu den häufigsten Tieren im Mikrokosmos der Seen und Weiher. Allerdings sorgt ihre perfekte Tarnung dafür, dass die Larven trotz ihrer Häufigkeit weiterhin unsichtbar bleiben. Eine afrikanische Verwandte unserer Büschelmücke ist übrigens nicht nur bei Vogel, Frosch und Fledermaus beliebt. *Chaoborus edulis* (»die Essbare«) ist auch Menschennahrung. Wenn über dem Lake Nyassa in Tansania wieder mal dichte Wolken dieser Büschelmücke tanzen und alles unter einem Mückenschleier verschwindet, keschern die Einheimischen die Tänzer in Massen, pressen sie zu Fladen und lassen sie trocknen. Der Geschmack soll an Kaviar erinnern.

BÜSCHELMÜCKE

Chaoborus crystallinus

Merkmale
Männchen mit bürstenartigen Antennen, ähnlich den Antennen der Zuckmückenmännchen. »Buckelige« Gestalt. Larven wegen ihrer transparenten Körper auch als Glasstäbchenlarve bekannt.

Vorkommen
Weltweit verbreitet. Erwachsene Insekten halten sich immer in Wassernähe auf.

Lebensweise
Erwachsene Mücken saugen kein Blut, sondern Nektar oder fressen überhaupt nichts.
Larven zwei bis zehn Millimeter lang. Schweben dank zweier Luftblasen waagerecht in Gruppen im Wasser. Jagen Plankton, vor allem Daphnien und Copepoden. Antennen umgewandelt in Fangarme, die ein wenig an die Vorderbeine einer Gottesanbeterin erinnern. Die Luftblasen fungieren zusätzlich als Luftreservoir in sauerstoffarmen Wassertiefen, wo die Larven vor Fischen sicher sind. Überwinterung als Larve, Verpuppung nach der Eisschmelze.

SCHNAKEN *Tipulidae*

Daddy Longleg

▲ Schnakenlarven wühlen sich wie Maulwürfe durch die Erde.

▲ Keine Schönheit, aber absolut harmlos: eine erwachsene Schnake.

Wer vor Spinnen zurückzuckt, hat meist auch mit Schnaken ein Problem. Bei flüchtigem Hinsehen könnte man die dürren Gestalten mit den baumelnden Beinen in der Tat für Zitterspinnen oder Weberknechte halten, doch in Wirklichkeit sind Schnaken nichts anderes als besonders groß und schlaksig geratene Mücken.

▲ Noch klamm und steif: Die Schnake muss erst aufwärmen, bevor sie abheben kann.

Im Englischen hat das spindeldürre Insekt einen hübschen Namen: Crane fly – Kranichfliege. Vermutlich hat die merkwürdig lang gezogene Schnute der Mücke diesen Namen eingebracht.

Ein Blick auf ihre eigenartigen Mundwerkzeuge zeigt sofort, dass Schnaken fehlt, was einige ihrer Verwandten so unbeliebt macht: Sie stechen garantiert nicht! Sie haben gar nicht das Werkzeug dazu. Ihr weiches, rüsselartiges Essbesteck lässt sich nicht in die menschliche Haut rammen.

Fressen ist für Schnaken ohnehin kein großes Thema. Erwachsene Schnaken leben nur ein paar Tage lang, um das zu erledigen, was ihr einziges Lebensziel ist: sich paaren und Eier legen. Das bisschen Nektar, das sie als Treibstoff für ihr kurzes Leben brauchen, schlürfen sie nebenbei aus Blüten.

Wie bei vielen Mitgliedern der großen Mückenfamilie üblich, tanzen die Schnakenmännchen gemeinsam, um die Weibchen auf sich aufmerksam zu machen. In seltsam wippenden, spiraligen Figuren taumeln sie in der Abenddämmerung über die Wiesen. Manche der 140 in Deutschland bekannten Schnakenarten sind radikale Baby-Boomer: Die Männchen warten schon auf die Weibchen, wenn die sich gerade erst aus der Puppenhülle arbeiten. Auch die Weibchen sind sofort nach dem Schlüpfen paarungsbereit. Sie haben bereits die fertig ausgereiften Eier im Hinterleib und warten nur noch auf eine Samenspende. Sollten die beiden Partner bei der Paarung gestört werden, schwirren sie einfach aneinandergekoppelt davon. Oder sie verschwinden im »Unterholz« – in den Graswäldern, die zu durcheilen ihre Stelzenbeine verblüffend gut geeignet sind.

Für den Notfall haben Schnaken einen Trick in petto: Falls ein Feind sie an einem ihrer langen, staksigen Beine zu fassen kriegt, bricht das Bein an einer Sollbruchstelle und lenkt den Feind mit heftigem Zucken ab. Die Schnake bekommt einen lebensrettenden Vorsprung. Der Trick führt nicht immer zum Erfolg, aber offenbar rettete Schnaken diese Selbstamputation oft genug das Leben, sodass sich diese skurrile Fluchtstrategie evolutionär verfestigen konnte.

Der Gegenentwurf zum langbeinigen Insekt ist seine Larve. Für sie wären Beine so deplatziert wie Flügel für Maulwürfe. Die glatten, walzenförmigen Larvenkörper müssen sich durch ihren Lebensraum, durch Böden und zerfallendes Holz schieben können. Sie wirken auf den Betrachter wie scharf kalkulierte Sparversionen. Nur vorne ragen kräftige Kieferzangen vor, mit denen sich morsches Holz, verrottende Blätter und Nadeln zerkleinern lassen – Nahrung, die nicht nur schwer zwischen den Kiefern, sondern auch schwer im Magen liegt. Damit die Larven mit der unbekömmlichen Zellulose überhaupt klarkommen, haben sie im Darm Gärkammern mit Bakterien, die ihnen die Hauptarbeit der Verdauung abnehmen. Schnakenlarven gehören zweifellos zu den Hauptakteuren, die im großen Stoffkreislauf dafür sorgen, dass aus Blättern, Halmen und Holz schließlich wieder wertvoller Humus wird.

Die Larven einiger Schnakenarten (Kohlschnake, Wiesenschnake und andere) benagen allerdings nicht nur Falllaub und tote Halme, sondern schätzen auch Lebendiges, etwa die feinen Wurzeln von Gräsern und Kräutern. Bis zu 400 Larven der Kohlschnake können sich auf einem Quadratmeter Wiesengrund durchs Wurzelgeflecht fressen. Gelbe und braune Flecken im Rasen verraten, wer da unterirdisch zubeißt.

So verhasst die Schnakenlarven bei Gartenliebhabern sind, so wichtig sind sie für eine Vielzahl von Kleintieren. Mit Schnaken und ihren Larven ziehen viele Vögel ihre Jungen auf, und für Frösche, Springspinnen, Eidechsen, für Weberknechte, Libellen und Raubfliegen sind die Langbeiner das Grundnahrungsmittel Nummer eins.

▲ Schnakenlarven (hier die Larve einer Wiesenschnake *Tipula paludosa*) führen ein Leben im Verborgenen: Sie wühlen sich knapp unter der Oberfläche durch die Erde.

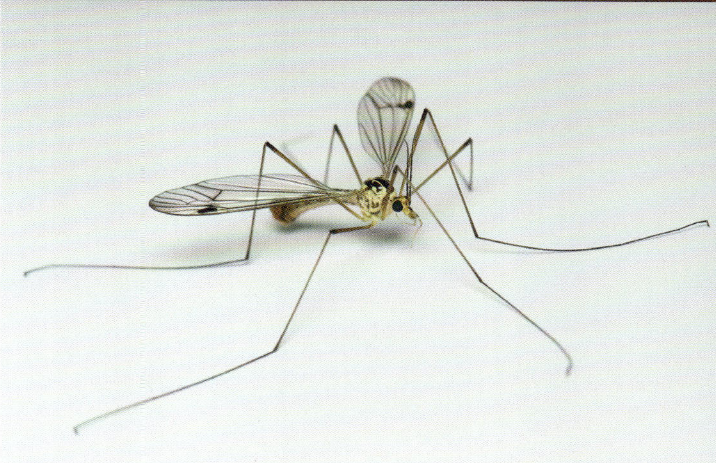

▲ Schnaken staken langbeinig und unbeholfen durchs Leben.

SCHNAKEN
Tipulidae

Merkmale
Körperlänge: je nach Art bis zu 40 Millimeter.
Flügelspannweite: bis zu 50 Millimeter.
Sehr schlanker Körper, schmale Flügel, sehr lange Beine.

Vorkommen
Weltweit sind etwa 4000 Arten bekannt, 140 davon in Deutschland.

Lebensweise
Erwachsene Schnaken nehmen nur Wasser und Nektar auf. In der Dämmerung bei vielen Arten Schwarmbildung zwecks Parnersuche. Verpaarung unmittelbar nach dem Schlupf aus der Puppenhülle. Eiablage per Legebohrer in den feuchten Boden, bevorzugt in Gewässernähe, oder in morsches Holz. Je nach Art können Weibchen mehrere Hundert Eier legen. Larven walzenförmig, grau, beinlos, mit kräftigen Mandibeln; zerkleinern frisches oder zerfallendes Pflanzenmaterial. Verpuppung nach vier Häutungen im Boden oder in morschem Holz.

AUF (NIMMER-)WIEDERSEHEN?

Das Insektensterben geht uns an den Nerv. Die Frage ist, ob eine Art, die sich Homo »sapiens« – also weise – nennt, es schafft, den Trend zu wenden. Den Versuch ist es allemal wert.

▲ Wiesen wie diese Magerwiese am Rande des Sauwalds (Gemeinde St. Ägidi, Oberösterreich) sind heute absolute Raritäten. Diese bunte Vielfalt mit Wiesen-Salbei, Nickendem Leimkraut, Pechnelke, Kleinem Sauerampfer, Kleinem Mausohr, Zypressen-Wolfsmilch und vielen weiteren gefährdeten Arten ist die Lebensgrundlage unzähliger Schmetterlinge, Käfer, Spinnen, Wanzen usw. … Wie kostbar solche Relikte sind, merkt man bei den schwierigen und oft kostspieligen Versuchen, neue Blühflächen anzulegen.

Wenn Schmetterlingsexperten oder -liebhaber über die »Sommervögel« schreiben, beginnen sie meist sehnsüchtig und lyrisch. Sie malen Bilder von fliegenden Blütenteppichen über bunten Wiesen, um dann abrupt von »Ja, damals« auf »... und was nun?« zu schwenken. So beginnt das Lied vom Tod. Vom Insektensterben.

Ich (cpl) bin alt genug, um noch die Wiese bei der Hanstedter Rodelbahn – an drei Seiten bachumflossen – gesehen zu haben, eine Wiese, über der an warmen Tagen mehr Schmetterlinge gaukelten, Gebänderte Heidelibellen zuckten und Hummeln taumelten, als man schätzen, geschweige denn zählen konnte. Ich erinnere mich, dass man, wenn man eine Zeit lang bewegungslos am Rande der Rodelbahnwiese westlich des Heidedorfes Hanstedt lag, zuverlässig von einem Bläuling oder einem Kaisermantel geküsst wurde.

Hätte dem Knirps von damals jemand gesagt, dass die gleiche Wiese im Sommer 2021 nur noch eher zufällig von einem wandernden Distelfalter oder einem Kohlweißling überflogen wird, der auf dem Weg zu den großen Rapsfeldern ist, er hätte es nicht geglaubt.

Doch mehr als ein drei Viertel Menschenleben später lieferte das Windschutzscheiben-Menetekel den Sichtbeweis, dass man weit zurückgreifen muss, um sich an Käfer- und Schmetterlingsfülle zu erinnern. Noch im letzten Drittel des vergangenen Jahrhunderts erlebten Autofahrer im Hochsommer Unübersehbares. Dicke, klebrige, manchmal auch gelbliche Schichten aus zerschmetterten Insekten überkrusteten die Windschutzscheibe. Heute bleibt alles sauber. Ein Zeichen? Ja, und kein gutes.

VOR DIE WAND GEFAHREN

In Regionen Nordrhein-Westfalens, dem Flächenbundesland mit der höchsten Dichte an Autostraßen in Deutschland, ging in den letzten 25 Jahren die Biomasse aller Fluginsekten um über 75% zurück (siehe auch »Das System tötet«, Seite 118).

Aber es geht nicht nur um Biomasse – also die Summe aller Individuen in Gewicht gemessen –, es geht um die Vielfalt, die noch vor zwei, drei Menschengenerationen unerschöpflich schien. Ganze Insektengruppen verschwinden in alarmierendem Tempo. Die Roten Listen der bedrohten Arten, die regelmäßig vom Bundesamt für Naturschutz herausgegeben werden, bescheinigen über 40% der in Deutschland untersuchten Insektenarten einen langfristigen[1] Abwärtstrend.

Das ist nicht nur im industrialisierten Deutschland so. Auch weltweit hat das Insektensterben laut einer Studie des Weltrates für Biodiversität dramatische Ausmaße erreicht. So sind in manchen Weltgegenden zwei Fünftel aller Insektenarten vom Aussterben bedroht. Sie werden, wenn nicht massiv gegengesteuert wird, innerhalb der nächsten Jahrzehnte verschwinden.[2] Selbst ehemals häufige Arten werden selten. Die früher Allgegenwärtigen sind nicht mehr allgegenwärtig. Aus Massen wurden Mengen, aus Mengen Restmengen, aus Resten verwehende Spuren, und das keineswegs nur in durchindustrialisierten Teilen der Erde. In Bangladesch sind von 305 Tagfalterarten 188 als bestandsgefährdet rot gelistet. Die größte Insektengruppe, die Käfer, steht keineswegs besser da.[3]

Ist das unabänderlich? Und wie kam es dazu?

Das große Sterben hat nicht die EINE klare Ursache, Insekten sterben nicht an dem einen großen Angriff, sondern an der Summe von vielen Schlägen – aus unterschiedlichen Richtungen und mit unterschiedlicher Intensität.

NOTRUF AUS DEM BREITENBACHTAL

Nicht gerade verwunderlich: Auch der Klimawandel taucht in der Liste der Verursacher auf, wie Langzeitstudien gezeigt haben. Forscher der Max-Planck-Gesellschaft und der Universität Kassel untersuchten 42 Jahre lang, wie sich die Insektenfauna im Oberlauf des Breitenbachs in einem Naturschutzgebiet im Hessischen Bergland entwickelte.[4] Jede Woche fingen und zählten sie Köcherfliegenlarven, Eintagsfliegenlarven, Schwimmkäfer und etliche andere Wasserinsekten, maßen die Wassertemperatur und erhoben physikalische und chemische Wasserparameter.

Das deprimierende Ergebnis: Während des Untersuchungszeitraums nahm die Individuenzahl der Wasserinsekten um über 80% ab. Im gleichen Zeitraum stieg die Wassertemperatur um durchschnittlich 1,88 Grad Celsius. Außerdem fiel den Forschern auf, dass Trockenzeiten und Hochwasserereignisse häufiger vorkamen und vorkommen. Alle drei Phänomene sind direkt oder indirekt Begleiterscheinungen des Klimawandels.

Ähnlich stellte sich die Lage in einem geschützten Waldgebiet im US-Bundesstaat New Hampshire dar: Über 45 Jahre wurde dort – exakt gleicher Ort, gleiche Methode, keine Störfaktoren – die Käferfauna untersucht. Die Käferzahlen gingen in viereinhalb Jahrzehnten um 83% zurück.

Aber warum gingen die Käfer in dem amerikanischen Waldgebiet bei steigenden Temperaturen zurück? Haben es Insekten denn nicht ganz gerne warm? Kommt ganz drauf an, wann und wo. In New Hampshire hatten die steigenden Temperaturen dafür gesorgt, dass die Schneedecke weniger dick war und nicht so lange liegen blieb wie in früheren Zeiten. Die Käfer des Untersuchungsgebietes waren aber auf eine Isolierschicht aus Schnee angewiesen, um heil durch die Winterkälte zu kommen.

WENN BERGE ZU KURZ SIND

In bergigen oder gebirgigen Gegenden können Insekten, denen es in Tallagen oder am Fuße von Erhebungen zu warm wird, gipfelwärts wandern. Dieses Phänomen untersuchte ein österreichisch-polnisch-deutsches Wissenschaftlerteam anhand von Daten, die in den letzten 60 Jahren über die Verbreitung von Gebirgs-Tagfaltern im Bundesland Salzburg erhoben worden waren. Die Ergebnisse waren beunruhigend eindeutig: Während dieser Zeitspanne waren die Falter um 300 Meter gipfelwärts gewandert.[5] Teammitglied Prof. Thomas Schmitt vom Senckenberg Deutschen Entomologischen Institut in Müncheberg: »Die Frage bleibt, was passiert, wenn die Arten an den Gipfeln angekommen sind?« Irgendwo hat jeder Berg ein Ende.

Schon bei einer Erderwärmung um 1,5 Grad würden 6 % der Insekten ihren Lebensraum verlieren.[6] Bei einem Temperaturanstieg von 2 Grad wären es schon 18 % der Insekten.

Nicht immer geht es so unmittelbar um steigende Temperaturen. Es geht auch um etwas, das man »Anpassungsschwierigkeiten« nennen könnte. Die Gehörnte Mauerbiene beispielsweise ist die wichtigste Bestäuberin der Küchenschelle. Diese Blume reagiert mittlerweile auf den vorverlegten Frühling und blüht entsprechend zeitiger im Jahr. Die Mauerbiene aber kann sich offenbar nicht so schnell umstellen, sie bleibt bei dem Schlupftermin, der aus Mauerbienensicht immer der richtige war. Die Folgen sind absehbar: Die Bienen bekommen nicht genug Nahrung, die Blume wird ungenügend bestäubt.[7] Langfristig wird der Klimawandel wohl nicht nur dieses Blume-Biene-Team aus dem Rennen werfen. Ähnliches droht vielen Insektenarten; die fein justierten Systeme ganzer Lebensräume werden ins Schlingern geraten. Es wird viele Opfer geben.

FELDER UND KILLING FIELDS

Aber all das ist wenig gemessen an den »Killing Fields«, zu denen eine industrialisierte Landwirtschaft große Teile der Landfläche gemacht hat. Eine vergleichende Bewertung von 73 Studien aus verschiedensten Ländern zu den Ursachen des Insektensterbens[8] kommt zu dem Schluss, dass 46,6 % des weltweiten Insektenrückgangs der Weise geschuldet sind, wie wir – immer noch weit überwiegend – mit unserem Land umgehen.

Nehmen wir einen von mehreren gefährdeten Lebensräumen etwas genauer in den Blick. Wiesen sind der wichtigste Lebensraum für Insekten, ganz besonders sogenannte ertragsarme Wiesen mit magerem Nährstoffangebot. So paradox es klingen mag: Artenvielfalt ist ausgerechnet dort angesagt, wo Nährstoffmangel herrscht. Je knapper das Angebot, desto mehr sind die Spezialisten im Vorteil, die es schaffen, sich selbst unter widrigen Bedingungen grundzuversorgen. Mangel lässt den Einfallsreichtum blühen.

Und genau hier liegt die Scheidelinie zwischen Leben und Tod: Die meisten Wiesen werden reichlich gedüngt und verlieren dabei einen Großteil der Pflanzenarten. Von einem Übermaß an Nährstoffen (Kunstdünger oder Gülle) profitiert nur ein sehr begrenztes Spektrum an Blütenpflanzen, darunter der allgegenwärtige Löwenzahn. Lichthungrige Wiesenblumenarten wie Wiesenmargerite, Wiesensalbei, Wiesenflockenblume, Wiesenplatterbse, Wiesenstorchschnabel, Rote Lichtnelke und Wiesenglockenblume werden überwuchert und stehen buchstäblich im Abseits. Und wo Nektar und Pollen nur noch bei wenigen gemästeten Arten zu finden sind, haben viele Blütenbesucher nichts mehr zu suchen. Wiesen und Weiden haben sich von bunt über schwach bunt auf grün bis dunkelgrün verfärbt. Die Dreigräser-Wiese ist das triste Finale. Grün ist die Hoffnungslosigkeit.

KLEINKLIMAWANDEL

Wenn man genauer hinschaut und etwas Bio-Fachwissen mitbringt, erkennt man noch einen anderen Faktor, der sich zur Verdrängung der vielen durch wenige aufaddiert. Stichwort: Kleinklima. Unter den Stängeln und Blättern der Arten, die als gute Stickstoffverwerter die Oberhand gewonnen haben, entwickelt sich eine kühle Dauerfeuchte, die vielen Insektenarten nicht bekommt. »War der ehemalige kurzrasige, offene Magerrasen von Hitze und Trockenheit geprägt, ist es nun in Bodennähe kühler und feuchter geworden.«[9]

Das quittieren viele Arten mit Abgang.

Überdüngte Wiesen sind zudem für fast alle Insekten unbekömmlich. Die Qualität der Pflanzen ändert sich. Je stärker gedüngt wird – über viele Wiesen sprüht mehrfach im Jahr die Gülledusche –, desto höher ist auch der Stickstoffgehalt in Stängeln und Blättern. Für Schmetterlingsraupen kann derlei Mastfutter tödlich sein, wie ein Forscherteam um die Potsdamer Biologin Susanne Kurze nachweisen konnte.[10] Die Wissenschaftler hatten Raupen von sechs (noch) häufigen grasfressenden Arten Gräser mit verschieden starker Düngung vorgesetzt. Das Ergebnis bestätigte die Hypothese: Je mehr Dünger, desto weniger Raupen überlebten bis zum Puppenstadium.

Für etwa ein Drittel der einheimischen Tagfalter sind Gräser Standardnahrung. Kein Wunder also, dass Tagschmetterlinge seit Jahren im freien Fall Richtung Artentod sind.

ZU VIEL DES GUTEN IST EINFACH NUR MIST

Gülle, Mist und Gärreste aus Biogasanlagen entfalten ihre Düngewirkung nicht nur auf direktem Wege – also über die Pflanzenwurzeln ins Grün. Beim Ausbringen werden außerdem große Mengen an gasförmigem Ammoniak frei. Das Gas löst sich im Regenwasser, wird als Nitrat (in Form stickstoffhaltiger Salze) in den Boden gespült und mästet dort zusätzlich die Pflanzen. Als Zugabe gibt es dann häufig noch Stickstoffdünger aus der Tüte. Pro Jahr und Hektar kommen im Schnitt so bis zu 100 Kilogramm Reinstickstoff zusammen. So etwas nennt man wohl eine tödliche Dosis.

Aber damit nicht genug. Eine weitere Düngequelle sind die Abgaswolken aus Industrie und Haushalten, vor allem aber aus dem Verkehr. Schon vor etlichen Jahren war Botanikern aufgefallen, dass ausgerechnet in Mauerritzen und an Straßenrändern, wo die Autoabgase am konzen-

▲ Angesichts der Trostlosigkeit der meisten modernen Ackerflächen eine Wohltat für uns, unsere Gesundheit und für viele Bewohnerinnen und Bewohner – ein biologisch bewirtschafteter Weizenacker am Rande des Kobernaußerwaldes in Oberösterreich. Arten wie die Echte Kamille, die Kornblume, der Gezähnte Feldsalat, der Gefurchte Feldsalat, der Acker-Hahnenfuß, der Gewöhnliche Ackerfrauenmantel, der Acker-Spergel und viele weitere wertvolle Segetalarten zeigen die Hochwertigkeit dieser Fläche. Eine solche Lebensgemeinschaft ist ein starkes Motiv für den Kauf von Bio-Lebensmitteln.

triertesten hinwehen, ein gewisser Typus von Pflanzen gedeiht, den man sonst in der Nähe von Viehställen findet. Die gemeinsame Vorliebe: Stickstoff. Denn auch Automotoren stoßen gasförmiges Ammoniak aus, das zusammen mit Stickoxiden in der Luft Ammoniumnitrat bildet, mit dem nächsten Regen in den Boden gelangt und Stickstoff liebendes Grünzeug ins Kraut schießen lässt.

WIESO DÜNGT AUTOFAHREN?

Ob Ammoniak nun aus Auspuffen, aus Schornsteinen oder Gülle-Spritzdüsen stammt, die eine Nebenwirkung ist immer gleich: Das Pflanzen-Mastmittel dringt – wie schon die »Krefelder Studie« gezeigt hat – auch in Schutzgebiete vor und entfaltet dort seine Wirkung. Eine wirkliche Entlastung vom Dünger-Fallout kann es auch dort, wo kein Auto fährt, kein Schornstein raucht und keine Spritzdüse zischt, nicht geben; der Luftweg lässt sich nicht blockieren.

Ein prominentes Beispiel für die Wirkung der zerstörerischen Luftfracht zeigt sich im Naturschutzpark Lüneburger Heide, wenige Kilometer von Hamburgs südlicher Stadtgrenze entfernt. »Normalerweise haben wir hier einen natürlichen Stickstoffeintrag in die Landschaft von ein bis zwei Kilogramm pro Hektar und Jahr. Doch sogar im Naturschutzgebiet Lüneburger Heide messen wir einen Eintrag von 25 bis 30 Kilo«, sagt Professor Härdtle vom Institut für Ökologie an der Universität Lüneburg.

Für einen Landschaftstypus wie die Heideflächen, der sich auf Nährstoffarmut spezialisiert hat, ist der Nährstoff-Input existenzbedrohend. Gräser wie die Drahtschmiele und das Pfeifengras gedeihen prächtig. Das genügsame Heidekraut wäre wohl schon verschwunden, würde der VNP (Verein Naturschutzpark Lüneburger Heide) nicht mit seinen »Abplaggungs-Programmen« dagegenhalten: Die Heide wird streckenweise abgehoben, so dass der Boden »ausmagern« kann.

▲ Das Große Ochsenauge (*Maniola jurtina*) ist (noch?) häufig. Es fliegt am liebsten violette Blüten wie diese Acker-Witwenblume (*Knautia arvensis*) an.

▲ Das Blutströpfchen oder Sechsfleck-Widderchen (*Zygaena filipendulae*) labt sich hier an einem wilden Majoran (auch Dost, *Origanum vulgare*).

▲ Die Langbauchschwebfliege (*Sphaerophoria scripta*) hat sich auf einer Salbeiblüte (*Salvia officinalis*) niedergelassen.

▲ Diese winzige Wildbiene, eine Maskenbiene, sucht auf Wilder Möhre (*Daucus carota*) nach Nektar.

▲ Die Feldheuschrecke (*Chorthippus parallelus*) ist im Hochsommer in fast allen Wiesen zu finden.

▲ Der kleine unscheinbare Falter *Agriphila straminella* ist nachtaktiv und ruht tagsüber auf Grashalmen, von denen sich seine Raupen ernähren.

WENN BIENEN ALZHEIMER BEKOMMEN

Aussterben durch Lebensraum- und Nahrungsverlust ist das eine. Ein anderes ist Vergiftung. Bundesweit bekannt wurde das Bienensterben infolge von Neonikotinoiden, einer sehr verbreiteten Gruppe von Insektiziden in der Landwirtschaft. Insekten nehmen die Gifte mit den Pflanzensäften, aber auch über Pollen und Nektar auf. Ihr zentrales Nervensystem wird angegriffen, das Immunsystem zerrüttet, und – der tödlichste unter den letalen Faktoren – die Orientierung wird massiv gestört. Vergiftete Honigbienen verhalten sich wie Alzheimer-Patienten: Sie finden nicht mehr heim. Mittlerweile sind weltweit drei von vier Honigproben mit Rückständen von Neonikotinoiden belastet.

Aber auch von Gift unbelastete Insekten sind nicht immer auf der sicheren Seite. Viele Arten brauchen – zum Beispiel während der Larvenentwicklung – Störungsfreiheit, also Ecken, in denen niemand, und sei es in pflegender Absicht, eine Hand rührt. Wo man Grünland bis zu sechs Mal im Jahr mäht, wird die Insektenfauna ständig zurück auf null gesetzt und verschwindet schließlich. Wo man Randstreifen beseitigt und der Pflug bis an den Straßenrand das Erdreich durchschneidet, werden auch die letzten Rückzugsgebiete vernichtet.

OHNE WENDE: ENDE

Der Kampf von Naturfreunden, Wissenschaftlern aber (erfreulicherweise!) auch ganzen Gemeinden und Städten um die Sicherung von Lebensraumresten ist gut, richtig und wichtig und sollte weder gering geschätzt noch bewitzelt werden. Aber wahr ist leider auch: Die großen Killing Fields sind die horizontweiten Mais- und Rapsfelder, sind ausgeräumte Landschaften. Ein Laufkäfer, womöglich noch ein seltener, wird, egal, wie gut er in Form ist, einen Kilometer über totgespritzte Erde nicht unter seine sechs Beine nehmen, um am Ende eines riesigen Maisfeldes eventuell dort, wohin der Spritzdüsenstrahl nicht reichte, eine Käferin zu finden. Geht einfach nicht. Und auch der acht Kilometer entfernte vorbildliche Blühgarten nützt ihm nichts.

Wenn es bleibt, wie es ist, dann bleiben die Versuche, aus unserer Land(miss)wirtschaft wieder eine Landwirtschaft zu machen, ein Versprechen, das nach der jeweils nächsten Wahl wieder auf die »Gedöns«-Liste (Gerhard Schröder) kommt. Und wenn das passiert, werden wir uns von den Tieren, die uns nach Hund und Katze die liebsten sind, verabschieden müssen: von den Vögeln. Im waldfreien Land Mitteleuropas hat sich seit 1980 der Bestand an Singvögeln um 55 % reduziert. Allein Deutschland büßte zwischen 1998 und 2009 rund 12,7 Millionen Vogel-Brutpaare ein.[11] Der Hinweis, dass ja viele Vögel Körner- und Samenfresser sind und folglich das Verschwinden der Insekten verschmerzen müssten, trifft leider voll daneben. Auch die »Vegetarier«, von denen es in der Tat viele gibt, verfüttern an ihre Brut Raupen, Mücken, Blattläuse, Käfer, Würmer. Wenn Vogeleltern zu viel Energie für Suchflüge durch die ausgedünnte Insektenwelt verbrauchen, kollabieren zuerst die Jungen und dann die Altvögel.

▲ Der Sandlaufkäfer ist an Dünen, Wegesrändern und Flussufern zu finden. Er lebt räuberisch, er und seine Larven ernähren sich von Insekten und Spinnen.

VERDAMMT, WO BLEIBT DAS POSITIVE?

Ja, wo bleibt es eigentlich? Spätestens hier werden wir geschätzt 50 % unserer Leser verlieren, einige mit Groll in der Stimme: »Mein Leben ist kompliziert genug. Was sollen mir da immer neue Apokalypsen? Corona hat mir gerade gereicht!«

Und zu bedenken ist wohl auch dieses: Mit Untergangsszenarien motiviert man keine potenziellen Retter.

Richtig. Aber wir haben das Gefühl, deprimierender als Kassandrarufe ist falscher Trost von der Sorte »Die Natur wird's schon richten«. (Ja, das wird sie, gegebenenfalls ohne uns.)

Kann man denn gar nichts tun? Doch, man kann.

Ausgerechnet dort, wo man Natur am wenigsten erwarten würde, zeigt sie sich in beeindruckender Vielfalt: Kartierungen der Flora und Fauna in verschiedenen Großstädten haben gezeigt, dass sich hier keinesfalls nur drittklassige Lebensräume finden. Das kommt nicht von ungefähr. Es sind Bürgerinnen und Bürger, die sich, sei es in Eigeninitiative oder via Druck auf die Gemeindepolitiker, für etwas Wildheit und lebenswerte Flecken eingesetzt haben. Und Pflanzen locken bekanntlich Insekten an. Im Stadtgebiet von München entdeckten Pflanzenkundler über 1600 Farn- und Blütenpflanzen, und Entomologen zählten über 200 Wildbienenarten, 65 Tagfalter und 36 Heuschreckenarten (das sind fast die Hälfte aller in Bayern vorkommenden Arten), um nur einige Gruppen zu nennen.

LEBENSRAUM FRIEDHOF

Parks und Friedhöfe, verwildertes Bauerwartungsland, bewachsene Bahndämme, kilometerlange Alleen und sogar geschickt eingegrünte Parkplätze und blühende Randstreifen: alles Lebensräume. Und fast überall wird spät oder gegebenenfalls nur einmal im Jahr gemäht.

Nicht zu vergessen die 35 Millionen Gartenbesitzer Deutschlands. Jeder zweite Haushalt hat einen Garten am Haus. Zählt man noch Balkon- und Terrassenbesitzer hinzu, errechnet sich, dass 79 % aller Haushalte insektentauglichen Lebensraum anbieten können. Dass man mit rabiater Ordnung der Umwelt, der Tier- und Pflanzenwelt, keinen Gefallen tut, hat sich herumgesprochen. Musste sich vor relativ kurzer Zeit noch die Hausgärtnerin rechtfertigen, wenn sie eine verwilderte Ecke für Igel, Eidechsen, Zaunkönig, Schmetterlinge und Co. bereithielt, riskiert heute der Besitzer eines japanischen, mit Kieseln versiegelten Gartens abschätzige Kommentare.

Es gibt überall Anleitungen zur »Insektenfreundlichkeit«, Listen für Blumen, über die sich nicht nur der Gartler freut (am Ende dieses Kapitels findet sich eine weitere). Es gibt Insektenhotels fertig zu kaufen und zum Selberbauen. Aber Vorsicht: vorher Experten fragen! Hier kann man fast ebenso viel falsch machen wie beim Eigenheimbau. Und manches ist allenfalls gut gemeint: so die Baumarktangebote für Hummeln – die ziehen lieber in verlassene Mauselöcher. Ein Haufen Totholz, ein kleiner Steinhaufen, ein dichtes Gebüsch: alles Angebote in bester Wohnlage.

FALTER WOLLEN VIELFALT

Und natürlich Blüten! Geranien, Begonien und Petunien werden wohl bis auf Weiteres die beliebtesten Dauerblüher auf dem Balkon bleiben. Aber seit einigen Jahren finden sich immer häufiger auch einheimische Blumenarten in Topf und Beet. Als Nahrungsquellen sind sie jedem Exoten überlegen, und schön sind sie noch dazu.

Es gibt allerdings ein DO NOT, das universelle Gültigkeit bekommen sollte: gefüllte Blüten. Für Insekten sind das Mogelpackungen, schlimmer: Verhöhnung Hungriger! Die Staubblätter, die Träger des nahrhaften Pollens, sind bei den »Gefüllten« ganz oder teilweise zu Blütenblättern umgezüchtet. Offene Schalenblüten dagegen halten, was sie Insekten versprechen.

▲ Offene und gefüllte Rosenblüte

▲ Vermoderndes Holz ist lebendiger als man glaubt. ... Dies ist ein Appell, nicht jedes Stück Holz zu »verhäckseln« und nicht jeden Wald peinlich zu säubern. Etwas Großzügigkeit ist angesagt!

Für Insektenfreunde gibt es neben dem Ärgernis der gefüllten Blüten mindestens noch ein weiteres: nächtlich erleuchtete Gärten. Das Problem der »Lichtverschmutzung« in der Stadt ist noch nicht wirklich gelöst. Wohl zu Recht steht das nächtliche Lichtermeer in Verdacht, nachtaktive Fluginsekten zu desorientieren und weit wandernde Schmetterlinge in die Irre zu führen. Wissenschaftler der Universität Bern vermuteten, dass sich der Grad der Irritation an der Anzahl der besuchten und bestäubten Blüten ablesen lässt. Sie verglichen die Bestäubungsrate auf sieben nachtdunklen Versuchsflächen mit solchen auf nächtlich beleuchteten Arealen. Das Resultat: Die Bestäubungsrate auf den beleuchteten Flächen war um 62 % geringer als auf den dunklen. Licht hatte die Nachtaktiven offenbar inaktiver gemacht.

STADT – STATT ARTENTOD

Auch wenn Schmetterlingsforscher sich immer noch nicht sicher sind, wie und warum genau nächtliches Licht Falter missleitet und bisweilen auch umbringt, eines ist sicher: Lichtquelle = Schadquelle. Nun wird deshalb keiner die Straßenbeleuchtung abschaffen wollen. Aber es gibt technische Mittel, ihnen die Schärfe von Insektenfallen zu nehmen. Und statt der vielfach üblichen Leuchtkugeln tun es auch Punktstrahler mit nach unten gerichtetem Lichtkegel. Bewegungsmelder verhindern Dauerbestrahlung. Unter »Hellenot/Tirol« hat der Schmetterlingsexperte Peter Huemer unter anderem Ratschläge und Hilfestellung anzubieten.

Hilfe kann auch buchstäblich zur Haus-Aufgabe werden. Ein (Achtung, vorher Statiker fragen!) Dachgarten auf dem Flachdach kann einen perfekten Magerrasen abgeben. Und begrünte Fassaden schaffen Insektenlebensräume und zudem noch Vogelbrutplätze allererster Güte.

Und noch etwas gibt es im urbanen Umfeld, das in der sogenannten offenen Landschaft selten geworden ist: alte Baumpersönlichkeiten. Eine alte deutsche Eiche kann bis zu 179 Großschmetterlingsarten, über 500 holzbohrende Käfer und etwa gleich viele pflanzen- und pilzfressende Insektenarten nebst deren sechsbeinige Jäger beherbergen. Wer für den Fortbestand einer alten Eiche kämpft, die beispielsweise wegen einer Parkplatzerweiterung auf der Kippe steht, hat also um die 1200 zusätzliche Argumente.

WIDER DEN GOTTLOSEN RECHTEN WINKEL

Ja, wir können etwas tun. Auch gegen das Insektensterben. Wir können unsere Gärten insektenfreundlich und damit tierfreundlich einrichten. Wir können in unseren Gemeinden dafür werben, dass nicht der »gottlose rechte Winkel« (Friedensreich Hundertwasser) durchregiert, dass nicht die Städte so hoch verdichtet werden, dass für Natur kein Raum mehr bleibt. Wir können unsere Kinder Natur erleben lassen und so verhindern, dass eine Generation heranwächst, für die das Verschwinden von Gammaeule, Gelbbauchunke und Zilpzalp ungefähr ebenso belanglos ist wie das Absetzen einer Spielkonsole.

Wir können zwar nicht – so wie es ein guter Fürst vielleicht gekonnt hätte – landesweiten Artenschutz ganz einfach befehlen. Aber wir leben in einer Demokratie. Wir können wählen.

OHNE TRENDUMKEHR KEINE UMKEHR

Das Mindeste, was wir tun können: keinen Politiker, keine Politikerin wählen, die nicht zum Umsteuern der Landwirtschaft bereit sind. Eine Land(miss)wirtschaft, die das Kosten-Nutzen-Gesetz missachtet und für das Heute das Morgen verbraucht, muss beendet werden. Je eher, desto besser. Ökologischer Landbau muss die »ordentliche Landwirtschaft« ablösen. Und ja, das wird nicht billig.

Es ist richtig, dass man immer an vielen kleinen Schräubchen drehen muss. Aber der agrarindustrielle Komplex – also konventionelle Landwirtschaft im großen Stil und ihre Dealer von der Agrarchemie – müssen vom Tropf des Staates abgehängt werden. Gelingt das nicht, sind die vielen kleinen Schritte zu klein, zu spät und selbst in ihrer Summe vergebens. Subventionen müssen umgesteuert werden. Sie dürfen nicht mehr nach Hektar bemessen werden. Landwirte, die ihre Existenz in Koexistenz mit Wildtieren und Wildpflanzen organisieren, müssen profitieren. Es gibt sie immer noch, und es gibt sie wieder: Landwirte, die nicht nur Nahrung, sondern auch Lebensräume schaffen und bewahren.

Aber nochmals: Wir können und sollten uns vornehmen, niemanden in irgendein Parlament zu wählen, der eine Landwirtschaftswende blockiert oder ihre Notwendigkeit ignoriert.

ES GIBT AUCH ERFOLGE

Wir haben es geschafft, Abwässer zu entgiften. Wir haben den Sprühdosenherstellern das Ozonloch aufreißende Treibgas weggenommen. Wir haben den Ausstoß von Schwefeldioxid so weit gesenkt, dass die Wälder aufhörten, die Blätter hängen zu lassen. In unserem Dorfladen bei München wird mehr Bio-Obst und -Gemüse als konventionelle Feldfrüchte verkauft, obgleich beides im Angebot ist und das eine teurer ist als das andere. Die Energiewende – sosehr sie auch schlingert, rumpelt und schrammt – könnte gelingen.

Warum sollten wir nicht eine Landwirtschaft, die man durch Subventionen für Masse und mit der monopolistischen Macht der Discounter in die Sackgasse getrieben hat, wieder zu dem zu machen, was sie einmal war: AgrarKULTUR? Die bäuerliche Landwirtschaft hat einen Großteil der Artenvielfalt Europas geschaffen. Sie könnte helfen, sie zu bewahren.

Warum eigentlich nicht?

1 »Rückgang der Insektenvielfalt«. Sonderheft »Natur und Landschaft«, Heft 6/7, 2019
2 Francisco Sánchez-Bayo, Kris A. G. Wyckhuys (2019): Worldwide decline of the entomofauna: A review of its drivers. Biological Conservation 232: 8-27
3 Andreas H. Segerer, Eva Rosenkranz: »Das große Insektensterben. Was es bedeutet und was wir jetzt tun müssen«, München: Oekom Verlag 2018
4 V. Baranov, J. Jourdan, F. Pilotto, R. Wagner, P. Haase (2020): Complex and nonlinear climate-driven changes in freshwater insect communities over 42 years. Conservation Biology 34: 1241-1251
5 D. Rödder, T. Schmitt, P. Gros, W. Ulrich, J. C. Habel (2021): Climate change drives mountain butterflies towards the summits. Scientific Reports 11: 14382
6 R. Warren et al. (2018): The projected effect on insects, vertebrates, and plants of limiting global warming to 1.5°C rather than 2°C. Science Vol. 360, Nr. 6390: 791-795
7 S. Kehrberger, A. Holzschuh (2019): Warmer temperatures advance flowering in a spring plant more strongly than emergence of two solitary spring bee species. PLoS ONE 14(6): e0218824
8 Sánchez-Bayo, Wyckhuys 2019, vgl. Anm. 2
9 Segerer, Rosenkranz 2018, vgl. Anm. 3
10 S. Kurze, T. Heinken, T. Fartmann (2018): Nitrogen enrichment in host plants increases the mortality of common Lepidoptera species. Oecologia 188: 1227-1237
11 Monika C. M. Müller (Hrsg.): Viele Vögel sind schon weg. Vogelsterben und Biodiversität – Ursachen und Gegenmaßnahmen, Loccumer Protokolle 63/2017, 36 pp., Rehburg-Loccum 2018

DAS SYSTEM TÖTET

Die »Krefelder Studie«, eigentlich eine Zusammenfassung von Forschungsarbeiten des Entomologischen Vereins Krefeld zur Entwicklung der Insektenbestände, stieß 2017 eine längt überfällige Debatte zum Artensterben an.

Schier unfassbare Bestands-Einbrüche ließen sich klar vorzählen und wissenschaftlich einwandfrei nachweisen. Bei den Erhebungen an 63 Standorten in deutschen Schutzgebieten zwischen 1989 und 2016 wurde mit standardisierter Fangmethodik ein Rückgang von 76 Prozent (im Hochsommer bis zu 82 Prozent) der Fluginsekten-Biomasse registriert. War bis dato – zumindest in nicht fachlichen Kreisen – nur Bewusstsein über das Sterben einzelner Arten vorhanden (die eh schon Seltenen verschwinden), zeigte die Studie, dass und in welchem Umfang die Gesamtmenge aller Insekten schleichend zurückgeht.

Das Autorenteam Straaß / Lieckfeld sprach mit dem Insektenkundler Dr. Martin Sorg, dessen wissenschaftliche Gestaltungskraft die Krefelder Insektenforschung zu dem werden ließ, was sie ist: ein Meilenstein auf dem Feld harter Fakten.

Straaß / Lieckfeld Seit ein paar Jahren kennen zig Millionen Menschen mehr als zuvor den Stadtnamen »Krefeld«.

Sorg Sie spielen auf die Bekanntheit unserer Forschungsarbeit außerhalb Deutschlands an. Der Internet-Dienstleister Altmetric führt diese Publikation in seiner Bewertung seitdem zeitweise unter den ersten 50 Plätzen von mehr als 14 Millionen wissenschaftlichen Publikationen. Die weltweite Verteilung dieser Wahrnehmung liegt dabei nach Altmetric nur zu 4 Prozent in Deutschland und zu 96 Prozent im Ausland. Diese Veröffentlichung wird aktuell durchschnittlich einmal täglich in wissenschaftlichen Journals zitiert.

In Deutschland gab es auch Einwände. Da hieß es zum Beispiel, es wären ja nur Fluginsekten erfasst worden.

Der Einwand ist insofern unsinnig, als Flugaktivität ein Merkmal von mehr als 90 Prozent der Insektenarten in Deutschland ist. Es wurde insofern der weitaus höchste Teil der Insektendiversität an einem Untersuchungspunkt berücksichtigt. Das Problem bei Anwendung dieser Insektenfallen ist vielmehr, da sie einen so hohen Anteil der Artenvielfalt an einem Punkt erfassen, dass es große Schwierigkeiten gibt, qualifizierte Entomologen zu finden, die diese Arten bestimmen können.

Das heißt: Forschungsstau wegen »zu viel« und wegen »zu wenig«. Zuviel Material, zu wenig Experten.

In der aktuellen Forschung befassen sich deshalb viele Institute – wenn es um genetische Methoden der Artenbestimmung aus Mischproben geht – mit dem sogenannten Metabarcoding. Dabei wird der Entomologe an seinem Mikroskop praktisch ersetzt durch Artbestimmung anhand einer Sequenz der DNA.

Die Fallen-Standorte für die Langzeitstudie lagen nicht in oder direkt an landwirtschaftlich genutzten Gebieten …

Richtig, wir fokussierten uns in unserer Veröffentlichung auf Naturschutzgebiete und das EU-Schutzgebietsnetz Natura 2000. Agrarnutzung in diesen Schutzgebieten muss selbstverständlich an die Prämisse einer Bewahrung der biologischen Vielfalt angepasst werden. Erfolgt eine Landnutzung in dieser Gebietskulisse nicht ausgerichtet an den Zielen des Biodiversitätsschutzes, dann sind schleichende Schäden die logische Folge dieses Fehlers, der im System steckt.

System-Fehler? Also, nicht der Landwirt ist schuld, sondern das System, das ihm eine bestimmte Wirtschaftsweise aufzwingt?

Ja, es ist völlig absurd, vor Ort arbeitende Landwirte für Mängel und Fehler verantwortlich zu machen, auf die sie keinen Einfluss haben. Nach unserer Bewertung liegen die Problemfelder bei rechtlichen Grundlagen, Planungen wie zum Beispiel Pflege- und Entwicklungsplänen sowie einer nicht ausreichenden Förderstrategie für eine biodiversitätsfördernde Agrarnutzung in Schutzgebieten.

Und das heißt …?

Das heißt, der Landwirt kann in seiner angepassten Bewirtschaftung in der Pufferzone direkt neben Schutzgebieten nur das leisten, was ihm durch diesen Rahmen vorgegeben wird. Wenn man sich mit »Verursachern« schleichender Biodiversitätsschäden in Schutzgebieten unterhalten möchte, dann sind nicht Landwirte die passenden Ansprechpartner.

Sondern?

Es sind die Institutionen, Wissenschaftler und Planer, die Einfluss nehmen auf gesetzliche Grundlagen und Verordnungen, Landschaftspläne und Biotopmanagementpläne sowie Risikoanalysen zu Pestizideinsätzen. Der Landwirt vor Ort braucht diese Grundlagen und eine ausreichende Ausstattung mit Förderprogrammen, um im Schutzgebietsnetz und den dazugehörigen Pufferzonen fachlich angepasst wirtschaften zu können.

Dr. Martin Sorg
ist Vorstandsmitglied des Entomologischen Vereins Krefeld e.V. und Kurator der Entomologischen Sammlungen in Krefeld. Er promovierte über die Systematik und Phylogenie der Wespenfamilie *Bethylidae*. Er hat umfangreiche Erfahrung in der entomologischen Feldforschung sammeln können, in ganz Europa, dem Nahen Osten, Afrika und Südostasien. In den letzten Jahzehnten hat Martin Sorg mehr als einhundert Forschungsprojekte des Entomologischen Vereins Krefeld und anderer Institutionen in Naturschutzgebieten koordiniert und die jüngste Metaanalyse zum Rückgang der Insektenbiomasse in Schutzgebieten mitverfasst; sie fußt im Wesentlichen auf standardisierten Untersuchungen mit Malaisefallen.

▲ Standardisierte Malaisefalle (Townes-Modell) im Bautyp des Entomologischen Vereins Krefeld

▲ Malaisefalle im Mittelrheintal

▲ Positionierung einer Malaisefalle in weiter Landschaft

INSEKTENFREUNDLICHE PFLANZEN

Pflanze	Januar	Februar	März	April	Mai	Juni	Juli	August	September	Oktober	November
	BLÜHZEIT										
WINTERLING *Eranthis hyemalis*	■	■	■								
LERCHENSPORN *Corydalis cava*			■	■	■						
LEBERBLÜMCHEN *Hepatica nobilis*			■	■							
BLAUSTERN *Scilla siberica*			■	■							
HOHE SCHLÜSSELBLUME *Primula elatior*			■	■	■						
DUFTVEILCHEN *Viola odorata*			■	■							
LUNGENKRAUT *Pulmonaria officinale*			■	■	■						
ROTE LICHTNELKE *Silene dioica*				■	■	■					
WIESEN-SCHLÜSSELBLUME *Primula veris*				■	■	■					
WIESENSALBEI *Salvia pratense*				■	■	■	■	■			

INSEKTENFREUNDLICHE PFLANZEN

	BLÜHZEIT Januar	Februar	März	April	Mai	Juni	Juli	August	September	Oktober	November
 **EINJÄHRIGER BORRETSCH** *Borago officinalis*					■	■	■	■	■	■	
 **BRAUNER STORCHSCHNABEL** *Geranium phaeum*					■	■	■				
 **AKELEI** *Aquilegia vulgaris*					■	■	■				
 **AKELEIBLÄTTRIGE WIESENRAUTE** *Thalictrum aquilegifolium*					■	■	■				
 **BEINWELL** *Symphytum officinale*					■	■	■				
 **NATTERNKOPF** *Echium vulgare*						■	■	■			
 **FÄRBERKAMILLE** *Anthemis tinctoria*						■	■	■	■		
 **GLOCKENBLUME** *Campanula rotundifolia*						■	■	■	■		
 **WIESEN-FLOCKENBLUME** *Cetaurea jacea*						■	■	■	■	■	
 **MARGERITE** *Leucanthemum vulgare*						■	■	■	■	■	

INSEKTENFREUNDLICHE PFLANZEN

Pflanze	Januar	Februar	März	April	Mai	Juni	Juli	August	September	Oktober	November
	BLÜHZEIT										
KARTHÄUSER-NELKE *Dianthus carthusianorum*						■	■	■	■		
KATZENMINZE *Nepeta cataria*						■	■	■	■		
ORANGEROTES HABICHTSKRAUT *Hieracium aurantiacum*						■	■	■			
LANGBLÄTTRIGER EHRENPREIS *Veronica longifolia*						■	■	■			
PFIRSICHBLÄTTRIGE GLOCKENBLUME *Campanula persicifolia*						■	■	■			
BLUT-WEIDERICH *Lythrum salicaria*						■	■	■	■		
GILBWEIDERICH *Lysimachia vulgaris*						■	■	■			
WIESEN-STORCHSCHNABEL *Geranium pratense*						■	■	■			
WILDE MALVE *Malva sylvestris*						■	■	■	■	■	
SCHAFGARBE *Achillea millefolium*						■	■	■	■	■	

INSEKTENFREUNDLICHE PFLANZEN

BLÜHZEIT

Pflanze	Januar	Februar	März	April	Mai	Juni	Juli	August	September	Oktober	November
 **DUFTWICKE** *Lathyrus odoratus*											
 **KUGELDISTEL** *Echinops ritro*											
 **WEIDENRÖSCHEN** *Epilobium angustifolium*											
 **TAUBEN-SKABIOSE** *Scabiosa columbaria*											
 **GROSSBLÜTIGE KÖNIGSKERZE** *Verbascum densiflorum*											
 **WILDE KARDE** *Dipsacus sylvestris*											
 **MINZE** *Mentha longifolia*											
 **JOHANNISKRAUT** *Hypericum perforatum*											
 **ZIERLAUCH** *Allium sphaerocephalon*											
 **WIESENKNOPF** *Sanguisorba officinalis*											

MAKING OF ...

Vom Insekt zum Goldkäfer zum Farbfoto

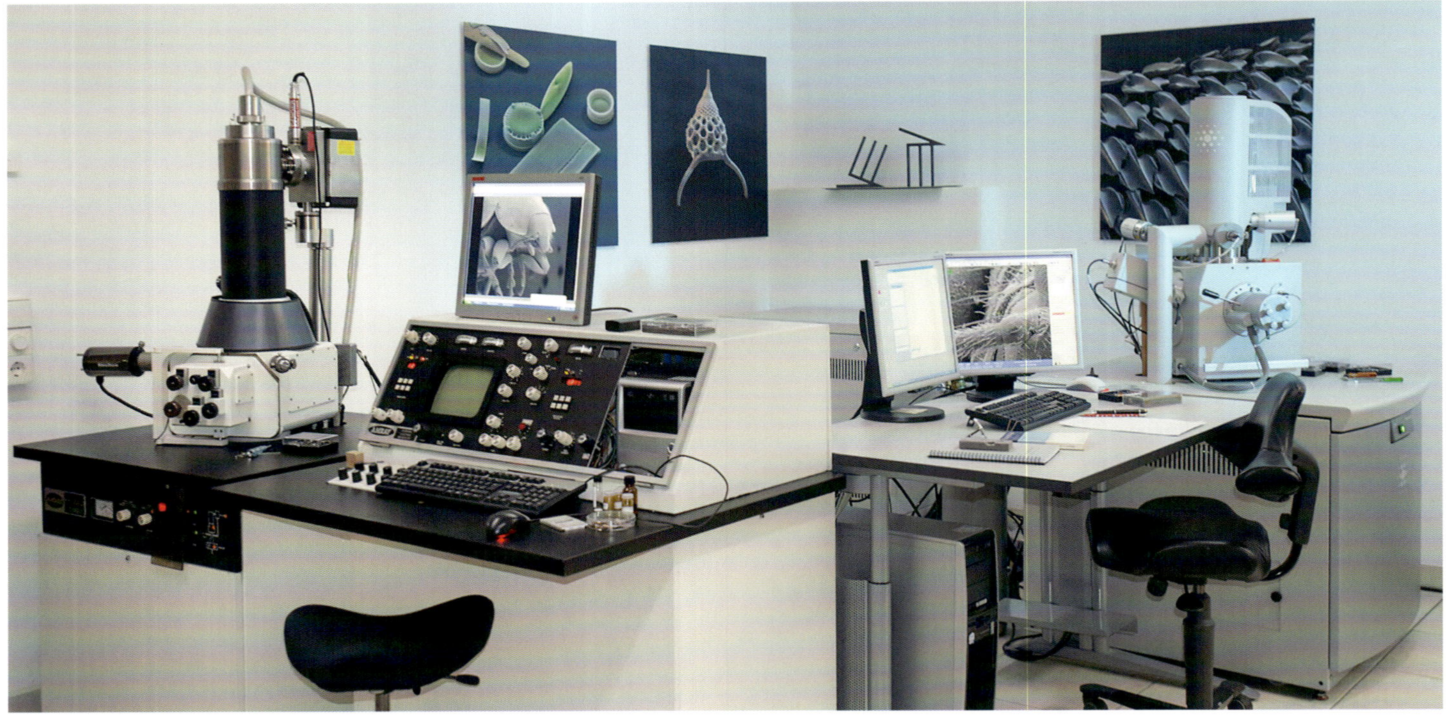

▲ Das Mikroskopie-Labor mit den zwei Rasterelektronenmikroskopen bei *eye of science*.

Die Rasterelektronenmikroskop-Aufnahmen (REM steht für Rasterelektronenmikroskop) in diesem Buch legen die Frage nahe: Wie macht man das? »Es geht nur mit äußerster Akkuratesse und viel Erfahrung«, sagt Fotograf Oliver Meckes, »und man braucht die Geduld, Fehlversuche gleich in Serie ertragen zu können.«

Wenn wir (Straaß/Lieckfeld) hier versuchen, die subtilen Verfahren und Techniken dieser Art von Fotografie zu beschreiben, geraten wir unvermeidlich an den Rand dessen, was man unter Wissenschaftsjournalisten »unzulässige Vereinfachung« nennt. Zum einen ist die Materie schwierig, zum anderen hat man – der Vergleich sei erlaubt – Rembrandts »Mann mit dem Goldhelm« nicht erklärt und erfasst, wenn man eine chemische Analyse der Goldfarben und eine Beschreibung von Pinsel und Leinwand anbietet.

Hier also keine Betriebsanleitung, sondern eine Art Zusammenstellung: Was muss alles geschehen, damit man beispielsweise einer Kriebelmücke so auf die Beißwerkzeuge schauen kann, wie das auf Seite 99 möglich ist?

Es ist fast einfacher zu sagen, was Rasterelektronen-Fotografie nicht ist, als darzulegen, was sie ist. Ein REM-Bild ist kein Lichtbild, wie es uns aus der Fotografie bekannt ist. Es entsteht nicht durch Lichtstrahlen, die von einer Oberfläche reflektiert werden und auf ein lichtempfindliches Medium treffen, nachdem sie ein System lichtbrechender Linsen passiert haben.

REM-Bilder entstehen im Dunkeln. Statt eines Lichtstrahls wird von einer Elektronenquelle ein Elektronenstrahl losgeschickt, und zwar in feinst gebündelter Form. Dieser hauchdünne Strahl wandert über besonders präparierte Objekte, zum Beispiel die Oberfläche einer Fliege. Ein Teil der ausgestrahlten Elektronen wird von der Oberfläche des Objekts quasi reflektiert, so ähnlich, wie ein Lichtstrahl von einem Objekt je nach Einfallswinkel mehr oder weniger stark zurückgeworfen wird. Zum anderen veranlasst der Strahl, dass aus dem beschossenen Objekt seinerseits Elektronen freigesetzt werden.

Ein etwas grobschlächtiger Vergleich: Spritzt man mit einem scharfen Wasserstrahl auf einen Klumpen Erde, werden nicht nur Wassertröpfchen zurückgeschleudert; der auftreffende Strahl reißt auch Erdkrümel von der Oberfläche fort.

Diese »Elektronenantwort« eines bestrahlten Objekts wird von hochsensiblen Detektoren aufgefangen, verstärkt und als »Elektronenbeschuss« unterschiedlicher Intensität weitergeleitet. Viele Elektronen werden in helle Grautöne auf dem Monitor umgewandelt, wenige Elektronen bedeuten dunkles Grau. Ein hochauflösendes Bild feinst abgestufter Grautöne entsteht.

Aber dieses Abbilden funktioniert nur unter besonderen Bedingungen. Eine Voraussetzung ist, dass zuvor die störende Umgebungsluft beseitigt wird. Der mittels elektromagnetischer Felder sehr fein eingestellte Elektronenstrahl würde von jedem noch so feinen Stäubchen, selbst von Molekülen in der Luft abgelenkt werden. Störungsfreie Arbeit mit dem Rasterelektronenmikroskop ist nur im Vakuum möglich.

Und genau das bringt neue Probleme mit sich. Im Vakuum würde eine gerade verstorbene Fliege ihr körpereigenes Wasser sofort als Wasserdampf abgeben – das »Fotografieren« wäre unmöglich. Außerdem würde die Fliege sich verformen, schrumpfen und schrumpeln, wenn man sie einfach so trocknen ließe.

Aber es muss getrocknet werden. Und zwar so, dass das Objekt weder in die übliche Insekten-Totenstarre fällt, mit verkrümmten Beinen und Fühlern, noch beim Trocknen verschrumpelt wie ein Winterapfel in Stubenheizungsluft. Fliege, Mücke, Larve sollen nach Möglichkeit ihr lebensnahes Aussehen beibehalten.

Mit einem Trick lässt sich das quasi natürliche Äußere eines Insekts über dessen Todeszeitpunkt hinaus konservieren: Das lebendige Insekt wird langsam abgekühlt. Während es allmählich kältestarr wird, bleibt es in seiner natürlichen Körperhaltung hocken und merkt nicht, dass die Starre – sicherlich schmerzlos – in die Totenstarre übergeht.

Der nächste Schritt ist komplizierter. Das Körpergewebe des Insekts muss so fixiert werden, dass es sich weder zersetzen noch verformen kann. Zu diesem Zweck wird das Insekt in eine Fixierlösung gelegt, die bewirkt, dass sich die Eiweißbausteine im Körper miteinander vernetzen und verknüpfen. Alle Veränderungsprozesse im Körper werden angehalten. Form, Haltung und Körperoberfläche zum Zeitpunkt des Todes bleiben ohne sichtbare Veränderungen erhalten, gerade so, als hätte jemand eine Stopptaste gedrückt.

Es kann Stunden oder auch Tage dauern, bis die Fixierlösung ihre Arbeit getan hat. Anschließend wird sie sorgfältig mit destilliertem Wasser ausgewaschen. Doch auch das destillierte Wasser darf nicht im Insektenkörper bleiben; es wird in mehreren Schritten mit Alkohol ausgespült. Bei jeder Spülung wird etwas höher konzentrierter Alkohol verwendet, bis schließlich jede Spur von Wasser aus dem Insektenkörper verdrängt ist.

Warum so umständlich? Warum legt man das gewässerte Insekt nicht einfach in hoch konzentrierten Alkohol? In diesem Fall würden die Zellen unweigerlich platzen. Der Konzentrationsunterschied zwischen der Flüssigkeit im

▲ Makroaufnahme eines Ameisen-Siebenpunkt-Marienkäfers *Coccinella magnifica*.

▲ Eine Probe wird ins Rasterelektronenmikroskop eingesetzt.

▲ Vergoldeter Marienkäfer, auf dem Probenhalter befestigt.

Trocknen auf dem kritischen Punkt

Es gibt einen Sonderfall von Trocknung, bei dem die störende Oberflächenspannung, die ein Blatt welken und eine tote Fliege schrumpeln lässt, nicht wirksam werden kann. Für jede Flüssigkeit, die man unter Druck erwärmt, gibt es einen Punkt – und dieser Punkt ist in Bar und Grad Celsius bestimmbar –, an dem sich Flüssigkeit und Gas physikalisch gleich verhalten. Flüssiges Wasser verhält sich dann wie Wasserdampf. Und da Wasserdampf – wie andere Gase auch – keine Oberflächenspannung hat, gibt es an diesem »kritischen Punkt« auch keine Schrumpelungseffekte beim Trocknen.

Nun liegen die Werte für Wasser allerdings bei 219 bar und 374° C – ein gutes Stück jenseits dessen, was sich technisch ohne Weiteres herstellen und handhaben lässt.

Ganz anders ist es bei flüssigem Kohlendioxid (CO_2), also bei dem Stoff, der in unserer präparierten Fliege den Alkohol verdrängt hat. Kohlendioxid wird bei 73,8 bar und läppischen 31° Celsius »kritisch« – beides Werte, die sich im Labor verhältnismäßig leicht herstellen lassen. Hält man nun die Kombination aus 73,8 bar und 31° C eine Weile aufrecht und erhöht die Temperatur dann um weitere 5° C, während man gleichzeitig den Druck ganz langsam herunterfährt, kann das Fliegenpräparat trocknen, ohne dass sich am Körper Dellen und Riefen bilden. Ein zielführender Umweg.

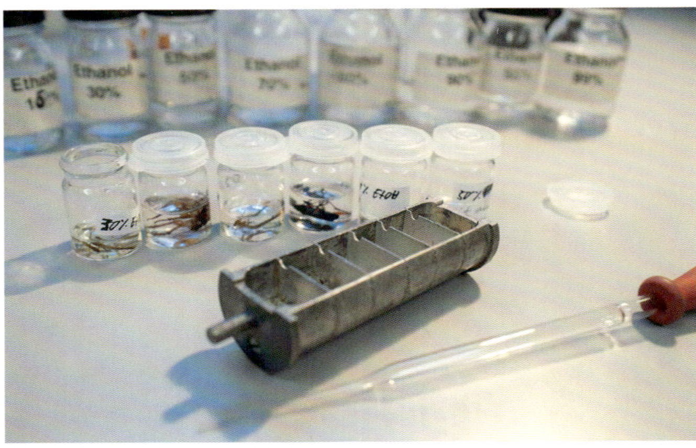

▲ Glasfläschchen mit aufsteigender Alkoholkonzentration zum Entwässern von Proben, im Vordergrund das Probenschiffchen für die finale Trocknung im Critical-Point-Apparat.

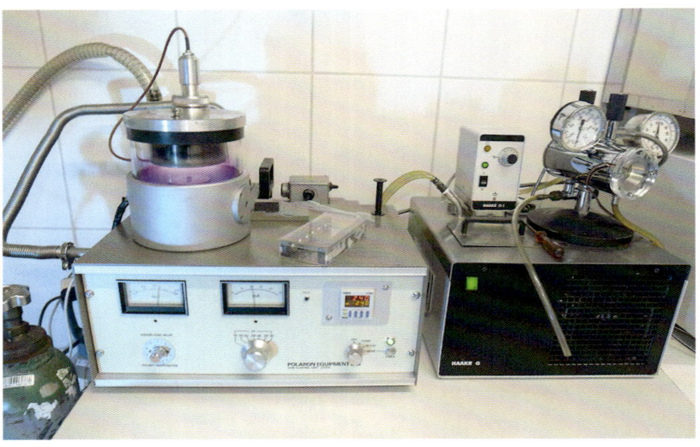

▲ Sputter-Coater zur Metallbeschichtung der Proben, das violette Leuchten ist der laufende Sputter-Prozess (Plasma).

Insekteninneren (Wasser) und der Lösung außen (Alkohol) wäre zu groß, er würde den Insektenkörper aufblähen und zerreißen.

Je nach Größe des Insekts kann sich der schrittweise Austausch von Wasser durch Alkohol ebenfalls über Stunden oder Tage hinziehen; Flüssigkeiten können nur langsam die Körperöffnungen und die unzähligen Atemporen, die Tracheenöffnungen, passieren. Eine Stubenfliege zum Beispiel muss einen ganzen Tag in schwach konzentriertem Alkohol liegen, bis sie der nächsthöheren Konzentration ausgesetzt werden darf; bei kleineren Insekten dagegen kann alle paar Stunden das »Badewasser« gegen höher konzentriertes gewechselt werden. Am Ende der Prozedur liegt das Insekt in 100-prozentigem Alkohol, und sein Inneres ist gleichermaßen höchstprozentig.

Auch der Alkohol bleibt nicht im Fliegenkörper. Er wird schrittweise in einer Druckkammer durch flüssiges Kohlendioxid (CO_2) ersetzt. Das ist ein hochkniffliger, zeitaufwendiger Vorgang. (Warum dieser Schritt notwendig ist und wie er geschieht, wird im Kasten »Trocknen auf dem kritischen Punkt« erklärt.) Wenn der Alkohol vollständig durch das flüssige CO_2 ersetzt ist, wird die Druckkammer mit dem Präparat darin auf 31° C erwärmt; gleichzeitig wird der Druck auf beachtliche 73,8 bar hochgefahren. (Zum Vergleich: Der Druck in einem Pkw-Autoreifen liegt bei ca. 2,3 bar.) Dieses Verfahren ist der Weg, um das Problem der sich verändernden Oberflächenspannung zu lösen.

Oberflächenspannung? Wir kennen das Phänomen beispielsweise von einem Wasserglas: Dank der Spannung ist es möglich, Wasser ein kleines Stück weit über den Glasrand hinaus einzufüllen. Das Wasser schließt in einer leichten Wölbung über dem Rand des Glases ab. Eine vergleichbare Oberflächenspannung finden wir beispielsweise in der Flüssigkeit der Zellen eines grünen Blattes. Trocknet das Blatt, schrumpelt es. Beim Trocknen der flüssigkeitsgefüllten Pflanzenzellen zerrt die kleiner werdende, gespannte Oberfläche an der sie umgebenden Zellstruktur, die Zellen werden zusammengezogen und »schrumpeln«.

Um diese störende Oberflächenspannung beim Trocknen der REM-Objekte unwirksam werden zu lassen, wurde ein Sonderfall von Trocknung gewählt (siehe Kasten links).

Erst nach Durchlaufen dieser sehr speziellen Trocknungsprozedur kann der letzte Vorbereitungsschritt folgen: Das Insekt wird mit einer hauchdünnen Schicht Gold oder Palladium bedampft. Diese Umwandlung eines toten Käfers in einen Goldkäfer oder einer Schmeißfliege in eine Palladiumfliege ist als letzte Stufe der Präparation unerlässlich. Andernfalls würde sich der Insektenkörper unter Beschuss elektrisch aufladen, und das Bild, das auf dem Monitor entstünde, wäre erheblich verzerrt.

Die Schichtdicke des Goldes oder des Palladiums auf dem Insekt ist nur einige Dutzend Atomlagen dick. Weniger geht kaum, da sonst die Gelenkhäute und andere Vertiefungen keinen Gold- beziehungsweise Palladiumschleier abbekämen. Und mehr wäre unverträglich, weil die Feinstrukturen des Insektenkörpers verwischt würden.

Während des Vergoldens werden die Präparate ständig gedreht. Trotz aller Sorgfalt passiert es leicht, dass sich, etwa auf Antennenspitzen, kleine Klümpchen bilden und sich eine gewisse Schattenwirkung störend bemerkbar macht, etwa weil ein vorspringendes Teil des Chitinskeletts ein darunter befindliches Teil überragt. Hier sind noch einmal in besonderer Weise Ausdauer, Geschick und Erfahrung des Präparators gefragt.

Zuletzt stellt sich die Frage, wie die Farbe auf die Schwarz-Weiß-REM-Bilder kommt. Man stelle sich die berühmte »Ein-Haar-Pinsel-Malerei« aus dem Alten China vor, die Kunst, hochexakte, farb- und liniengetreue Bilder zu malen, die mit bloßem Auge nicht mehr zu erkennen sind. Ungefähr das macht Nicole Ottawa, indem sie von einem herkömmlichen Makrofoto eines Insekts die Farben abliest und sie per Photoshop auf die REM-Bilder überträgt. Das Ergebnis liegt mit diesem Buch vor.

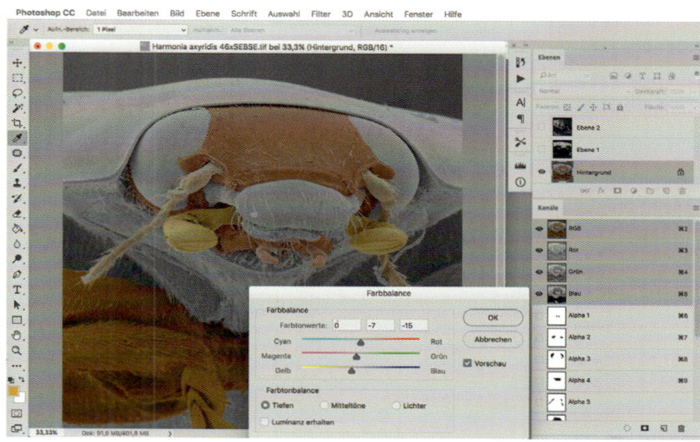

▲ Viele Schritte sind in der Bildbearbeitung erforderlich, bis das schwarz-weiße REM-Bild zu einem Farbbild wird.

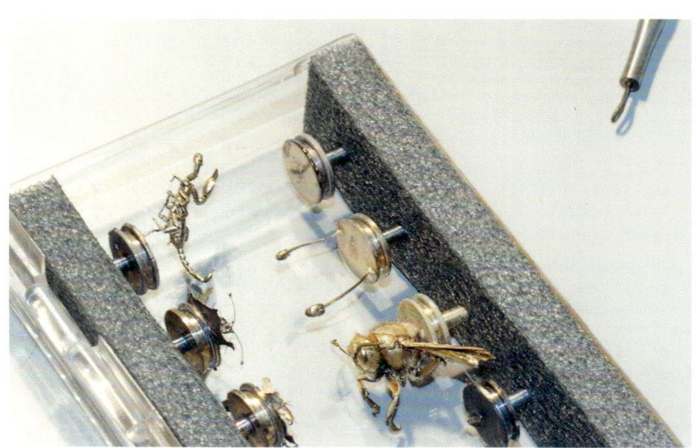

▲ Eine Aufbewahrungsschachtel mit verschiedenen goldbeschichteten Insekten.

Larve

Adult

▲ Seidenspinner *Bombyx mori* ► 24

▲ Hauhechel-Bläuling *Polyommatus icarus* ► 28

▲ Schwimmkäfer *Dytiscus spec.* ► 44

Larve

Adult

▲ Hornisse *Vespa crabro* ► 58

▲ Große Eintagsfliege *Ephemera danica* ► 84

▲ Zuckmücke *Chironomus plumosus* ► 95

SPRINGSCHWANZ

Zehn hoch minus

Die Bilderreihe zeigt das Vergrößerungsspektrum des Rasterelektronenmikroskops.

1:1 Als Ausgangs-»Punkt« eignet sich ein Springschwanz (Klasse *Collembola*), ein kleiner Bodenbewohner, der nur etwa einen Millimeter breit ist. Das unbewaffnete menschliche Auge erkennt nur einen »Fliegenschiss« – der allerdings große Sprünge macht, wenn man ihn bedrängt.

Springschwänze tragen am Hinterleib eine Sprunggabel, die unter Spannung unter dem Bauch in Position gehalten wird. Ausgelöst durch den Fluchtreflex, schnalzt die Gabel unter dem Tier nach hinten: Der Springschwanz katapultiert sich selbst in die Luft.

10:1 ist in etwa die schwächste Vergrößerung des Rasterelektronenmikroskops. Es lassen sich Objekte bis etwa 10 Millimeter Größe formatfüllend abbilden. Vom Springschwanz ist allerdings immer noch nicht viel zu erkennen.

100:1 Um ihn wirklich deutlich zu sehen, braucht es schon eine 100-fache Vergrößerung. Wir schauen das Urinsekt von vorne an, sehen seine zwei einfach gebauten Augen, die nur hell und dunkel unterscheiden können. Zwischen zwei plumpen Tastern sitzt ein kleiner Saugrüssel. Die kurzen Beinchen mit den Krallen sind gut zu erkennen.

1000:1 Die Haare des Tieres und die auffällige stachelartige Struktur der Haut werden deutlich sichtbar.

10000:1 Ein Kettenhemd aus Leisten und Dreiecken hält die Haut zusammen und in Position. Sehr nützlich, da die Außenhülle nicht starr, sondern etwas beweglich ist.

100000:1 Bei 100000-facher Vergrößerung kommt das REM beziehungsweise die Präparationstechnik an ihre Grenzen. Die raue Oberfläche resultiert aus der Goldbeschichtung der Probe, und das Mikroskop kann die Konturen nicht mehr absolut scharf darstellen.

▲ 1:1

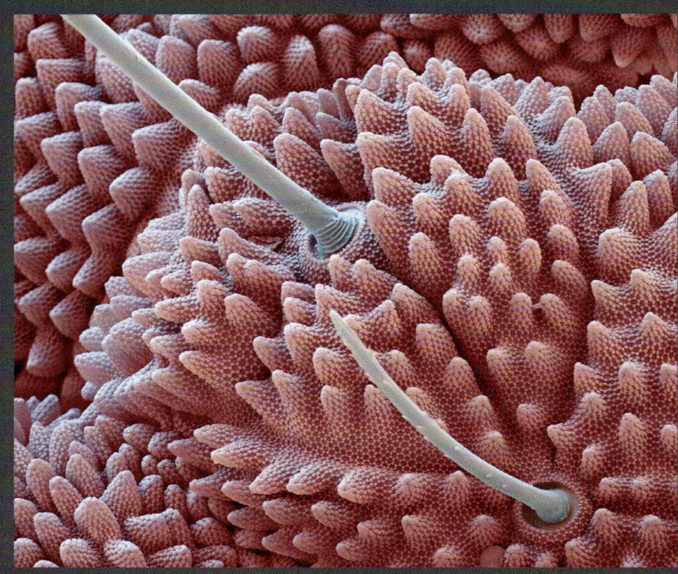

▲ 1000:1

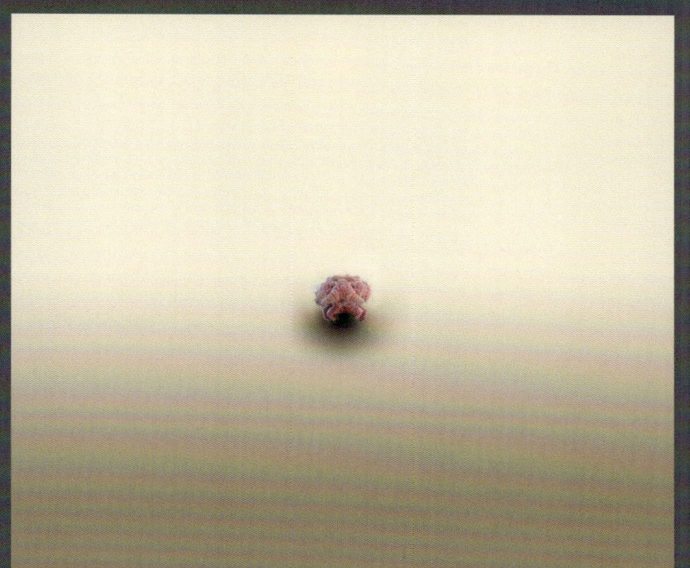

▲ 10 : 1

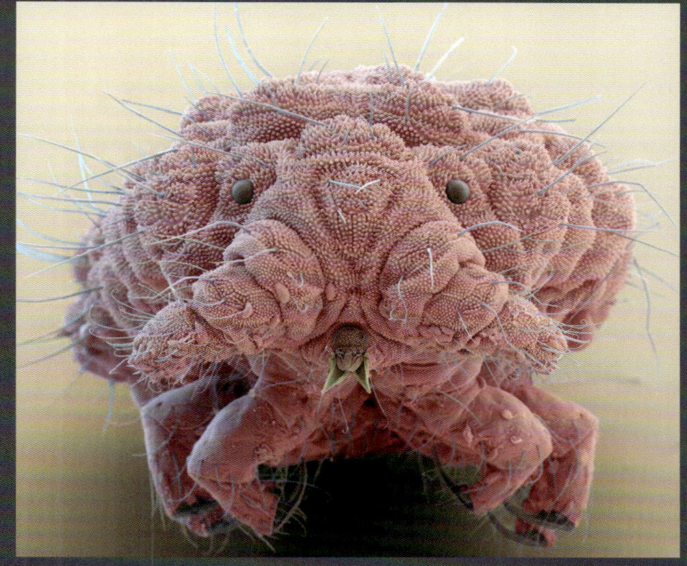

▲ 100 : 1

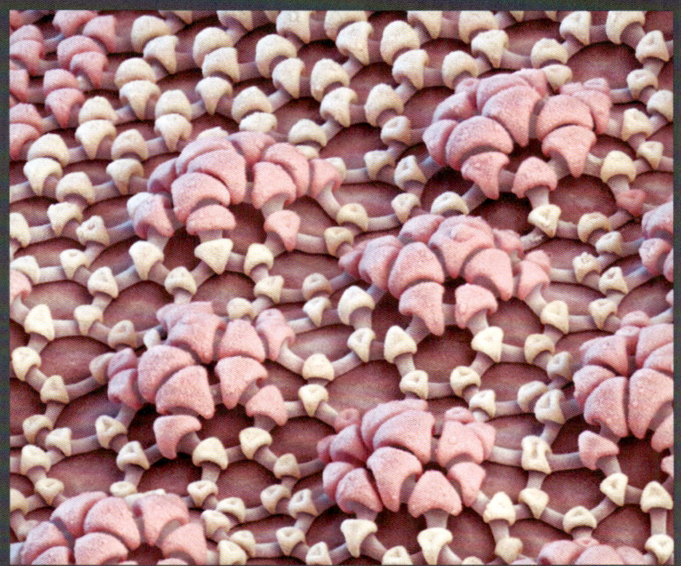

▲ 10 000 : 1

▲ 100 000 : 1

VITAE

Nicole Ottawa – studierte an der FU Berlin Biologie, bevor sie sich der Mikrofotografie widmete.
Oliver Meckes – absolvierte eine Ausbildung zum Kaufmann und Fotografen, spezialisierte sich danach auf wissenschaftliche Fotografie. Gemeinsam gründeten sie 1994 *eye of science*. Sie haben mit ihren Bildern mehrfach Preise, u.a. den World-Press Photo Award und den Lennart Nilsson Award, gewonnen.
Zu erwähnen ist auch der Biologe Lasse Kling, der im Rahmen eines Praktikums die beiden sechs Monate mit dem Sammeln, Bestimmen, Präparieren und Mikroskopieren der Insekten unterstützt hat.

Veronika Straaß – Diplombiologin, Autorin etlicher Sachbücher, darunter »Natur erleben das ganze Jahr«, »Mit Kindern die Natur entdecken«, »Taktik, Tricks und Raffinesse« und zahlreiche Tiermonographien für Leseanfänger.
Claus-Peter Lieckfeld – Journalist und Autor, schrieb für *natur, GEO, Die Zeit* und verfasste diverse Sachbücher, darunter »Tatort Wald«, »More than Honey«, »Makrokosmos Honigbiene«, außerdem historische Romane, darunter »Friedrich Spee – Anwalt der Hexen«.

◄ Die Larven der Lidmücken *Liponeura* leben in schnell fließenden Bächen. Damit sie nicht fortgespült werden, heften sie sich mit Saugnäpfen am Bauch auf dem Untergrund fest.

ABBILDUNGSNACHWEIS

Seite 11 (Grafik): © Merit Ottawa
Seite 16: © Jasminka Hancic
Seite 18: © Lunasinestrellas (flickr)
Seite 22: © Gaby Schulemann Maier
Seite 23 oben: © Jörg Riedel
Seite 23 links, 46 und 47: © Jan Hamrsky
Seite 35: © user Siga bei wikipedia commons
Seite 54 beide: © Christophe Brochard
Seite 56, 60 oben und 61 rechts: © domgreves.photoshelter
Seite 57 beide und 101 rechts: © Andreas Haselböck
Seite 96: © Frans Vandemaele
Seite 108: © Jens Kählert
Seite 109 links: © Dr. Roger S. Key
Seite 111, 114: © Prof. Michael Hohla
Seite 115: © Thorben Danke
Seite 116 beide unten: © Gesine Krüger
Seite 119: © M. Sorg / EVK
Seite 120–123 von oben nach unten:
© Angelika Wolter / pixelio.de
© Angelika Wolter / pixelio.de
© Angelika Wolter / pixelio.de
© Norbert Svojtka / pixelio.de
© Angelika Wolter / pixelio.de
© gänseblümchen / pixelio.de
© Uwe Kunze / pixelio.de
© Peter Röhl / pixelio.de
© Angelika Wolter / pixelio.de
© berggeist007 / pixelio.de
© Herbert Walter Krick / pixelio.de
© Walter Eberl / pixelio.de
© Walter Eberl / pixelio.de
© Wolfgang Dirscherl / pixelio.de
© Joujou / pixelio.de
© uschi dreiucker / pixelio.de
© M. Großmann / pixelio.de
© Rosel Eckstein / pixelio.de
© Cornerstone / pixelio
© Erich Westendarp / pixelio.de
© Angelika Wolter / pixelio.de
© Albrecht E. Arnold / pixelio.de
© Angelika Wolter / pixelio.de
© Waldili / pixelio.de
© Walter Eberl / pixelio.de
© Karl-Heinz Liebisch / pixelio.de
© Karl-Heinz Liebisch / pixelio.de
© Angelika Wolter / pixelio.de
© Angelina S........ / pixelio.de
© Susanne Schmich / pixelio.de
© Dieter Schütz / pixelio.de
© Joujou / pixelio.de
© qay / pixelio.de
© Angelika Koch-Schmid / pixelio.de
© uschi dreiucker / pixelio.de
© Angelika Wolter / pixelio.de
© Günter Havlena / pixelio.de
© qay / pixelio.de
© Harald-KU / pixelio.de
© Dr. Klaus-Uwe Gerhardt / pixelio.de
Seite 134 / 135: © Helmut Höttinger

für alle anderen Fotos:
Nicole Ottawa und Oliver Meckes,
eye of science, www.eyeofscience.de

IMPRESSUM

Die Deutsche Nationalbibliothek verzeichnet diese Publikation in der Deutschen Nationalbibliografie; detaillierte bibliografische Daten sind im Internet über https://dnb.de abrufbar.

München · Hamburg
E-Mail: dugverlag@icloud.com
www.dugverlag.de
Schwanthalerstr. 79, 80336 München, Tel. 089 / 23 23 09 66
Friedensallee 26, 22765 Hamburg, Tel. 040 / 389 35 15
Texte: Veronika Straaß, Claus-Peter Lieckfeld
Gestaltung: Gesine Krüger, Hamburg
Produktion: Sabine Niemann, Hamburg
Druck: Beltz Grafische Betriebe GmbH, Bad Langensalza
ISBN 978-3-86218-149-0
2. erweiterte Auflage 2021